ÉTUDES PALÉONTOLOGIQUES

S

Lyon. — Imp. de Pinier, successeur de Richard, 31, rue Tupin.

ÉTUDES PALÉONTOLOGIQUES

SUR LES

DÉPOTS JURASSIQUES

DU

BASSIN DU RHONE

· PAR

EUG. DUMORTIER

PREMIÈRE PARTIE

INFRA-LIAS

AVEC 30 PLANCHES

PARIS

F. SAVY, ÉDITEUR

LIBRAIRE DES SOCIÉTÉS GÉOLOGIQUES & MÉTÉOROLOGIQUES DE FRANCE

24, RUE HAUTEFEUILLE

—

JANVIER 1864

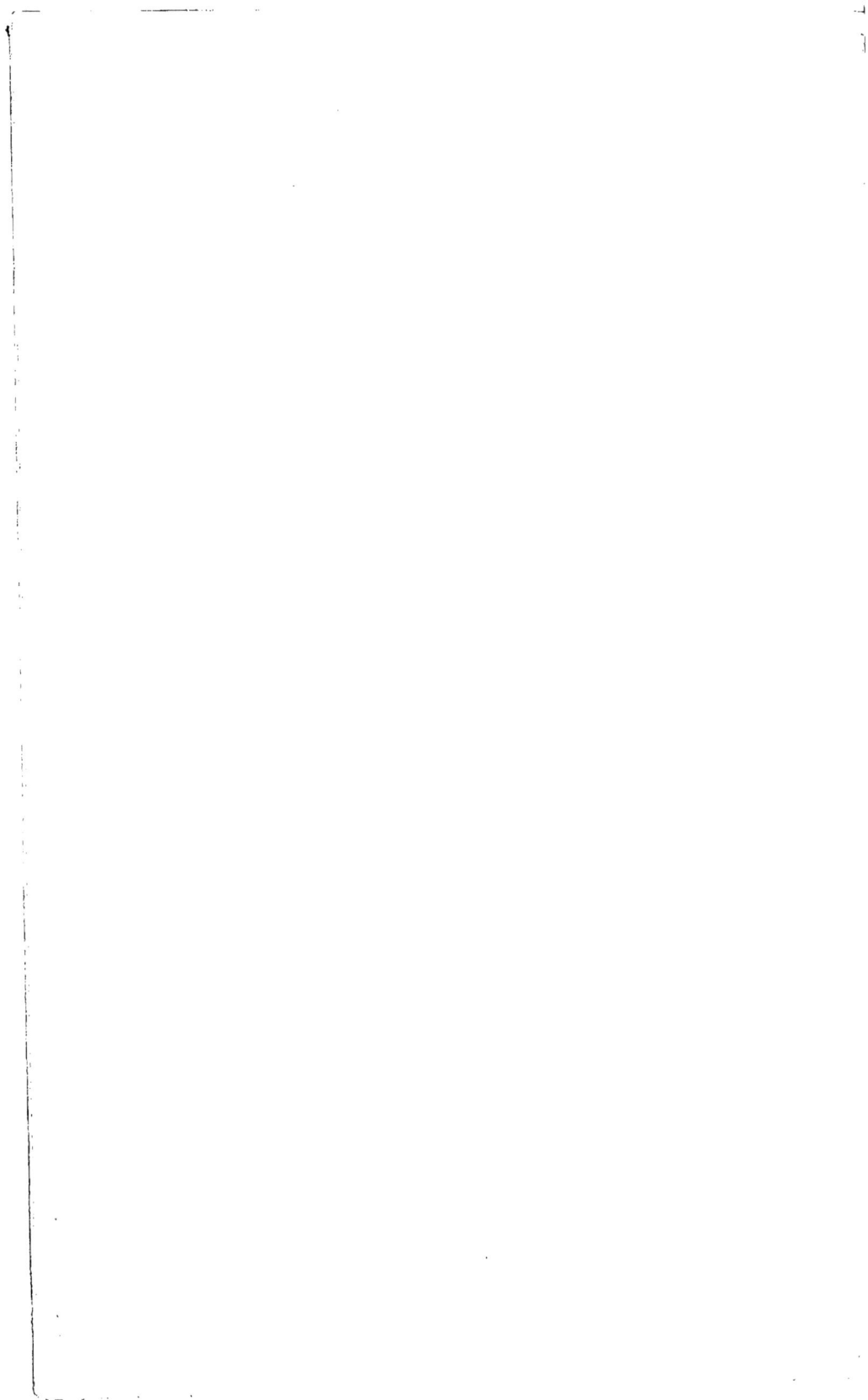

ÉTUDES PALÉONTOLOGIQUES

SUR LES

DÉPOTS JURASSIQUES

DU BASSIN DU RHONE

L'étude raisonnée des corps organisés fossiles qui se trouvent dans les couches jurassiques du bassin du Rhône, demanderait un travail immense, qu'il n'est pas temps d'aborder et qui serait au dessus de mes forces. Il y a quelques points, sans doute, sur une aussi vaste étendue, qui ont été fouillés avec soin et qui commencent à être connus, mais la plus grande partie est à peine effleurée, et l'on peut dire avec certitude qu'un grand nombre de gisements importants sont encore inconnus. Nous sommes loin, par conséquent, de pouvoir faire une étude complète des faunes de chaque étage, de pouvoir comparer et compter les espèces à chaque niveau, de faire, en un mot, ce qui s'est fait pour le même terrain, en Angleterre et surtout en Allemagne. L'ignorance où nous sommes encore de la plupart des faunes locales diminue même la certitude que peuvent donner les recherches faites avec le plus grand soin sur quelques points mieux observés.

Ce livre n'est donc pas une description régulière, au point de vue de la paléontologie, de la vaste contrée comprise sous le nom de bassin du Rhône, mais c'est la réunion des observations que j'ai pu faire dans un bon nombre de localités, observations rigoureusement coordonnées suivant l'ordre de dépôt des couches. Mon travail sera nécessairement très-incomplet pour certaines contrées et pour plusieurs subdivisions des terrains jurassiques. Placé à Lyon, au centre à peu près du bassin, j'ai pu mieux étudier les points qui étaient à ma portée, et comme ces points comprennent surtout le lias et l'oolite inférieure, il en résulte que les détails seront plus nombreux et plus précis sur la paléontologie de cette partie du jurassique.

Dans les pages qui suivent, je me propose de donner tous les faits qui tiennent à la paléontologie de chaque couche, en suivant l'ordre de superposition et en commençant par les plus anciennes. Les subdivisions ou zones paraîtront peut-être trop multipliées pour un travail qui embrasse une contrée aussi étendue, cependant toutes les distinctions de niveau sont basées sur des observations faites sur le terrain et sur des associations de fossiles que des courses multipliées m'ont fait reconnaître exactes. Je ne veux décrire que ce que j'ai eu l'occasion de voir dans le bassin du Rhône, cherchant toujours à rattacher tel ensemble de fossiles à ce que l'on observe ailleurs. — Je devais donc maintenir séparé ce qui est séparé, et conserver aux couches leurs caractères essentiels de superposition, sans prétendre que ces faunes partielles se retrouvent partout identiques dans d'autres dépôts analogues des mêmes époques géologiques.

Pour chaque zone ou subdivision, je commencerai par donner un aperçu de la position et de l'importance du groupe, puis les caractères minéralogiques, l'étendue des dépôts, des notes détaillées sur les gisements, le catalogue général des fossiles connus à ce niveau, puis les détails sur les fossiles et la description, s'il y a lieu. — Enfin, je terminerai par une liste des fossiles qui me paraissent caractéristiques de la zone.

De la sorte, tout ce qui concerne telle ou telle subdivision se trouvera réuni; de plus, à la fin de l'ouvrage, une liste générale de tous les fossiles mentionnés donnera la facilité de retrouver les espèces dont la position offre quelque incertitude ou qui se trouvent à plusieurs niveaux.

Première partie. — INFRA · LIAS

COUCHES SUPÉRIEURES DU TRIAS

Les points où l'on peut observer, sous les couches les plus profondes de l'infrà-lias, le terrain décidément triasique, sont assez nombreux dans le bassin du Rhône. Le plus remarquable, parce qu'il a fourni des débris de reptiles bien conservés, est la petite colline qui se trouve au dessus du *Chappou*, hameau des montagnes du *Bugey*, près de *Saint-Rambert*, département de l'Ain : là, au milieu des affleurements des lumachelles de l'infrà-lias, un repli du terrain fait apparaître, sur un très-petit espace, les couches supérieures des marnes irisées. Des marnes blanchâtres ou jaunes très-clair, d'un grain fin, forment un grand nombre de très-petits ravins où j'ai pu recueillir des dents de Saurien d'une forme particulière et parfaitement conservées. — Ces dents sont comprimées, acuminées, garnies sur les côtés de dentelures régulières jusqu'au sommet; elles étaient accompagnées d'une petite vertèbre biconcave et d'ossements brisés indéterminables; M. Paul Gervais, qui a bien voulu les examiner et les décrire (1), y a reconnu le genre *Thecodontosaurus*. Les figures qui accompagnent le texte dans le mémoire de M. Gervais sont excellentes et donnent une idée bien exacte des échantillons. Je n'ai trouvé dans cette localité aucun autre corps organisé : les dents, dont le nombre approche d'une vingtaine, paraissent avoir appartenu à un seul individu. Une autre localité, des environs de Lyon, présente une coupe curieuse, quoique restreinte, parce qu'elle montre une partie du trias encore plus haute probablement dans la série que

---

(1) *Mémoires de l'Académie de Montpellier* (section des sciences), tome **II**, page 117. 1861.

les marnes blanchâtres du Chappou, et qui comprend le *bone-bed*.
En partant de *Saint-Fortunat* (Rhône) pour aller à *Limonest*, le
chemin que l'on suit passe bientôt sur le versant ouest de la colline de *Narcel*, et l'on rencontre au bout de quelques centaines
de mètres une petite fontaine très-connue dans le pays sous la
nom de *Font-Poivre* : en face de la fontaine on peut voir dans la
tranchée du chemin la coupe suivante :

		mètres.
a — Grès à grain fin, qui continuent dans les vignes au dessus.		
b — Calcaire marneux, blanchâtre, grain fin, mat, très-dur.		1,10
c — Calcaire rose, gréseux, dur, gros bancs, sans fossiles .		1.20
d — Calcaire rosâtre, lie de vin, cassure matte, cendreuse, avec fossiles, surtout à la partie supérieure. . . .		0,60
e — Calcaire rose et lilas, compacte, grain fin, d'apparence dolomitique, les bancs d'épaisseurs variées . . .		1,80
f — Grès fins gris rosâtre, avec quelques dents		0,30
Marnes verdâtre clair		0,50
Continuent plus bas.		

Les couches, *c*, *d*, *e*, *f*, font effervescence avec l'acide
hydrochlorique.

La partie supérieure de la couche *d.*, sur une épaisseur de 25
à 30 centimètres, contient tous les fossiles qui caractérisent le
bone-bed. Les dents se détachent en blanc sur la roche de couleur
foncée et sont assez abondantes; — avec les dents il y a beaucoup
de coquilles bivalves, *myophoria*, *avicula*, plus quelques moules
de gastéropodes. — Les *avicula* diffèrent de l'*avicula contorta*. —
Le plus souvent les coquilles ont disparu et il en résulte des vacuoles. — Cette couche représente certainement, dans le *Mont-
d'Or* Lyonnais, le *bone-bed*. — Quoique la couleur se confonde
avec celle des roches qui l'accompagnent par dessus et par dessous,
on remarque que la petite zone fossilifère contient un assez bon
nombre de petits fragments de quartz hyalin qui ne se montrent
pas ailleurs.

Dans la propriété qui touche le chemin à l'ouest, aux environs du même point, les débris du *bone-bed* sont très-abondants et remplis de fossiles.

A deux kilomètres au nord de la *Fond-Poivre*, dans le bourg même de Limonest, au dessus des maisons à droite, on retrouve la couche en nombreux fragments. — Le calcaire est un peu plus grisâtre, les fossiles sont les mêmes.

La découverte du *bone-bed*, dans les environs de Lyon, date seulement de quelques jours (août 1863) ; elle est due aux persévérantes recherches de MM. Albert Falsan et Locard. La persuasion où j'étais, bien à tort, que le *bone-bed* devait se rencontrer ici dans les grès à gros grain comme à *Mâcon*, comme dans les montagnes du *Bugey*, comme en *Wurtemberg*, a fait que j'ai mal dirigé mes investigations et manqué une observation qui paraît des plus simples, aujourd'hui que la couche est trouvée. Les coquilles qui se trouvent à la *Fond-Poivre*, avec les dents, avaient souvent attiré mon attention. Guidés par le caractère minéralogique et la nature exceptionnelle de la roche, nous avons pu constater la présence du *bone-bed* sur un bon nombre de points des pentes ouest du Mont-d'Or.

Dans le Mâconnais, M. de Ferry a trouvé le *bone-bed* le mieux caractérisé, au milieu des couches de grès qui affleurent au dessus du château des *Essertaux*, en face de *Bussière*, près de *Saint-Sorlin* (Saône-et-Loire). — Là, c'est un grès légèrement friable, d'une couleur gris rosâtre clair, composé en très-grande partie de grains de quartz translucide, de grosseur inégale et un peu roulés. Ce grès contient en abondance les dents et autres fossiles du niveau du *bone-bed*, et dans un état de conservation parfaite : *Acrodus minimus*, *Sargodon tomicus*, *Saurichtys acuminatus*, en nombre considérable, plus des écailles, des ossements de poisson, etc., etc.

Le *bone-bed* existe encore dans les montagnes du Bugey, avec les mêmes fossiles, et à peu près les mêmes caractères minéralogiques ; seulement le grès à gros grain de quartz est ici légèrement coloré en jaune brun. La collection faite, il y a quelques années, par le regrettable M. Sauvaneau, et déposée depuis sa

mort, au musée de Lyon, en contient de fort beaux échantillons ;
malheureusement les étiquettes manquent partout, et je n'ai pas
pu, jusqu'à présent, retrouver l'endroit où ils avaient été recueillis. — L'on sait cependant que tout ce que contient cette
collection tout à fait locale, a été trouvé dans les environs de
Saint-Rambert et de *Tenay* (Ain).

Enfin, dans les environs du *Beausset*, département du Var, au
dessous de l'infrà-lias, j'ai recueilli une dent d'*Acrodus minimus*,
très-petite mais fort bien conservée. — On en trouvera la figure,
vue par dessus, planche 1, fig. 4. dessinée avec un fort grossissement.

Infrà-lias

ZONE A AVICULA CONTORTA

Nous admettrons, avec la plupart des géologues, que l'étage de
l'infrà-lias commence par les couches à *Avicula cortorta*. Dans le
bassin du Rhône, cette petite zone est aussi difficile à discerner
que celle du *bone-bed* : sa couleur toujours sombre, la surface
inégale de ses fragments, sa contexture rugueuse et surtout son
peu d'épaisseur, au milieu de roches non exploitées, empêchent
de retrouver ses débris, à moins d'une grande attention.— L'*Avicula contorta* se montre en familles nombreuses, mais presque
toujours sans être accompagnée d'autres fossiles, sur des plaquettes de calcaire marneux brunâtre, et elle n'a été reconnue, jusqu'à présent, que sur un nombre de points très-limité.

On la rencontre, très-bien caractérisée, au Mont-d'Or lyonnais. Lorsqu'on est sur la crête de la petite montagne de *Narcel*,
au dessus de *Saint-Fortunat*, au milieu des grès et des calcaires ca-
ractérisés par l'*Ammonites planorbis*, si l'on descend un peu du
côté de *Limonest*, dans le haut des pentes boisées qui regardent
l'ouest, on trouvera au milieu des éboulis de grès à gros grain ,

les plaquettes avec *avicula contorta* parfaitement conservées, mais ces échantillons sont fort rares.

Je l'ai recueillie également au *Beausset* (Var), dans les collines au sud.

Egalement à *Joyeuse* (Ardèche), quartier de la *Vérunne*.

D'après les beaux travaux de M. l'abbé Stopani, il paraît qu'en Lombardie l'*avicula contorta* se trouve dans les mêmes couches, avec les autres fossiles de l'infrà-lias. — Les gisements signalés en *Savoie* présentent aussi la même association. Il n'en est pas de même pour les autres parties du bassin du Rhône, ou, pour parler plus exactement, dans les parties étudiées du bassin.— La petite couche, dans laquelle se rencontre l'*avicula contorta*, ne paraît pas renfermer d'autres fossiles. — De plus, nous ne connaissons pas avec certitude ses relations de position, soit avec le petit banc de grès du *bone-bed*, soit avec les deux ou trois petites couches spéciales dont nous allons parler. Une chose seulement paraît démontrée : c'est que le *bone-bed* est placé plus bas ; — de plus que la couche à *avicula contorta* et les petites couches spéciales, dont la description va suivre, sont très-rapprochées verticalement.

Dans le Mont-d'Or lyonnais, il y a une couche très-reconnaissable par sa couleur, la constance de ses caractères minéralogiques et des fossiles qu'elle contient. — C'est un calcaire jaune foncé roussâtre, dolomitique, à reflet souvent brillant et nacré dans les cassures. — La roche est lourde : les plaquettes sont couvertes, parfois entièrement, d'une petite coquille bivalve renflée, très-élégante, c'est le *Tœniodon prœcursor* (Schlœnbach). — Il y a de plus quelques *mytilus* indéterminables, et la *gervillia prœcursor* (Quenstedt), de plus un petit *orthostoma* ou *acteonella*. — Ces curieux échantillons viennent du *Monteillet*, hameau de *Saint-Didier-au-Mont-d'Or*, dans les petits bois qui regardent à l'ouest la nouvelle église, — Les éboulis sont formés par les grès quartzeux de l'infrà-lias, la couche doit être fort mince, car ses fragments sont des plus rares : à quelques mètres plus bas on est sur des marnes gréseuses blanchâtres, souvent couvertes d'empreintes cubiques de cristaux de sel, marnes qui recouvrent le *bone-bed*.

La même couche, très-semblable pour tout, se trouve près de *Cogny* (Rhône), dans les vignes au nord-ouest du bourg. Ce calcaire roussâtre me paraît subordonné aux cargneules jaune clair et jaune foncé qui se montrent à plusieurs reprises dans la partie inférieure de l'infrà-lias. Cette roche remarquable par sa couleur et sa texture, ne manque jamais à ce niveau et présente quelquefois un énorme développement. — Je puis citer, comme un des points où l'on peut le mieux étudier ces cargneules, la petite colline au nord-ouest de *Blajou*, hameau dépendant de *Laurac*, près de l'*Argentière* (Ardèche).

En dehors du bassin du Rhône, à *Arnay-le-duc* (Côte-d'Or), route de *Dijon*, chemin du *Petit-Fète*, j'ai retrouvé les mêmes calcaires roussâtres, avec plaquettes garnies de *Tæniodon præcursor*, recouvrant d'une manière évidente le grès du *bone-bed*.

Près de *Lagnieu* (Ain), chemin de Souclin, dans les vignes, on trouve de nombreux fragments d'une couche d'une apparence tout autre, mais bien rapprochée, je le crois, du niveau de l'*avicula contorta*; c'est une marne fine, gris rosâtre, clair, assez solide, compacte, cependant tachant légèrement les doigts dans les cassures fraîches, très-riche en coquilles bivalves. Cette petite localité, dite à *Chavignes*, que je n'ai pu voir qu'en passant, mérite d'être étudiée et pourra fournir des fossiles intéressants.

Enfin, à *Romanéche* (S.-et-L.), hameau de la Pierre, en remontant le petit ruisseau qui y conduit de la station du chemin de fer, on trouve un grès blanchâtre quartzeux, rempli de bivalves indéterminables et qui appartient probablement au niveau de l'*avicula contorta*. Ce grès est recouvert, dans le lit même du ruisseau, par un curieux conglomérat rougeâtre que l'on retrouve sur plusieurs points du bassin du Rhône; les galets formés de calcaire blond compacte du jurassique supérieur, dont quelques-uns sont très-gros, sont empâtés dans un ciment rougeâtre solide, avec quelques oolites ferrugineuses noirâtres. — On retrouve ce conglomérat à *Curis*, à *Dardilly* (Rhône), et à *Charnay*, près de Mâcon; dans cette dernière localité, les couches fort bien stratifiées sont inclinées et forment avec l'horizon un angle de 10°

environ. Mon ami Victor Thiollière, avec lequel j'ai visité le gisement de *Romanêche*, attribuait ce conglomérat au tertiaire
inférieur.

Le même niveau fossilifère se retrouve encore à *Bully* (Rhône).
— Ici la couche est en place ; voici la coupe que j'ai relevée dans
la carrière à droite en venant de Lyon, sur la route Impériale ,
carrière non exploitée actuellement :

Lias avec *gryphœa arcuata*.

Calcaire avec grain de quartz et grès à gros grain .	3 à 5	mètres.
Marnes et calcaires jaunâtres.	4	—
Marnes jaunâtres cloisonnées, cargneules. . . .	0	50
Marnes bleues fragmentaires.	0	45
Calcaire jaune fin, mat, sableux.	1	20
Calcaire jaunâtre lamelleux, dolomitique	0	70
(*a*) Calcaire compacte blanc , marneux , très-fin , plein de bivalves	0	40
Calcaire grain fin, gris rosâtre	3	—

La masse entière m'a paru dépourvue de fossiles , à l'exception
de la couche (*a*).

Enfin, à *Aubenas* (Ardèche), en sortant par la route de *Vals* ,
au dessous du four à chaux, on trouve une belle coupe de l'*infrà-
lias*. — Au milieu des couches inférieures , très-peu fossilifères ,
on remarque un calcaire terreux, jaune roussâtre, avec *cardita
munita* (Stoppani), *cardium Philipianum* (Dunker) , *mytilus minutus* (Goldfuss). — J'ai des échantillons de la *spezzia* (Capo
Corvo), chargés des mêmes fossiles, de la même taille; mais la
roche a un tout autre aspect, c'est un calcaire noir.

Comme on vient de le voir, les couches à *avicula contorta* et les
couches avec d'autres bivalves que nous venons de décrire forment, dans le bassin du Rhône, un petit ensemble de dépôts d'une
épaisseur peu considérable et très-variés minéralogiquement :
grès quartzeux, calcaires roussâtres à reflets nacrés, cargneules,
calcaires fins, mats, blancs ou rosâtres; ces couches sont généralement séparées par une épaisseur de plusieurs mètres de grès

variés de la zone à *ammonites planorbis* que l'on trouve toujours au dessus. Cet ensemble me paraît correspondre à la subdivision indiquée sous le nom d'arkose fossilifère, par M. Martin, dans son mémoire sur l'*infrà-lias* de la Bourgogne.

La liste des fossiles déterminés se monte à un nombre fort restreint. — Laplupart des gisements n'ont été étudiés qu'en passant, et à une époque où rien n'avait encore fixé l'attention des géologues sur une faune si intéressante par sa position à l'avant-garde de tous les terrains jurassiques.

FOSSILES DE LA ZONE A AVICULA CONTORTA

Orthostoma ? . . . . . . Saint-Didier (Rhône).

Cardium Philipianum (Dunker). Aubenas.

Cardita austriaca (Hauer. sp.) . Joyeuse. Très-rapprochée de la
                             C. crenata (Goldfuss).

Cardita munita (Stoppani). . . Aubenas.

Nucula. . . . . Aubenas.

Myophoria Isosceles (Stoppani). Aubenas.

Mytilus minutus (Goldfuss). . . Aubenas, St-Didier, Lagnieu (Ain).

Gervillia præcursor (Quenstedt). Cogny, Saint-Didier.

Tæniodon præcursor (Schlœnb.) . Cogny, Saint-Didier.

Modiola glabrata (Dunker) . . Chessy, chemin de Glay.

Anatina præcursor (Oppel) . . Bully, Lagnieu.

Avicula contorta (Portlock) . . Limonest, Beausset (Var), Joyeuse
                             (Ardèche).

Myacites Escheri (Winkler) . . Bully.

Ostrea . . . . Bully.

DÉTAILS SUR LES FOSSILES.

Orthostoma......

Au milieu d'une des plaquettes, couvertes du *Tæniodon præcursor* (voir à la page suivante), et provenant des éboulis du Monteillet, on remarque un petit *orthostoma* ou *acteonella* de 4 à 5 millimètres. — La coquille est malheureusement trop engagée pour en déterminer le genre d'une manière sûre, mais elle paraît tout à fait semblable aux échantillons si nombreux d'*orthostoma* que nous voyons caractériser la zone supérieure à *Ammonites angulatus;* ce n'est pas sans étonnement que j'ai pu constater la présence de ce fossile à ce niveau : le fait me paraît important, car il rattache les couches si inférieures, que nous étudions, aux parties de l'infrà-lias en contact immédiat avec le calcaire à gryphées.

Localité : Saint-Didier (Rhône), bois du Monteillet.

Nucula.

(Planche 1, fig. 7.)

Cette coquille se rencontre dans le calcaire terreux roussâtre, inférieur d'Aubenas, au dessus du four à chaux, route de Vals ; — elle me paraît identique à celle dont M. l'abbé Stoppani donne la figure (*Paléontologie lombarde*), pl. 30, fig. 18, et qui vient des schistes noirs de *Prà-Linger*.

Localité : Aubenas (Ardèche).

Explication des figures : Pl. I, fig. 7, coquille de grandeur naturelle. De ma collection.

Myophoria isosceles (STOPPANI).

1862. Stoppani. *Paléontologie lombarde*, p. 128 , pl. 30,
fig. 1 à 4.

Cette coquille se trouve à Aubenas, avec la précédente ; d'après
ce que dit M. Stoppani, elle paraît jouer un rôle considérable
dans les schistes noirs inférieurs de la Lombardie, elle abonde à
Bene, Guggiàte, Pura, etc. ; seulement celle de l'Ardèche a une
taille plus petite de moitié que l'espèce lombarde.

Je remarque que cette coquille, si elle avait l'angle apicial un
peu plus ouvert, s'accorderait très-bien avec la figure du *Tæniodon Ewaldi* (Bornemann), que donne Credner (1), et qui est un
Schizodus, d'après Quenstedt.

Localité : Aubenas (Ardèche).

Tæniodon præcursor (SCHLŒNBACH).

(Pl. 1, fig. 1, 2, 3.)

1862. A Schlœnbach. Beitrag zur genauen niveau-Bestimmung
des, etc., in neues Jahrbuch für Mineralogie, 8°, Stut-
tgard, 1862, pag. 146, pl. III, fig. 1.

En recherchant le *bone-bed* dans le petit bois qui regarde la
nouvelle église de Saint-Didier-au-Mont-d'Or, et qui couvre les
pentes au dessous du hameau du Monteillet, j'ai trouvé d'assez
nombreux débris de calcaire jaunâtre, mat, en plaquettes, présentant quelques reflets nacrés dans la cassure, et presque entièrement
couverts d'une très-petite bivalve que j'ai reconnue bientôt pour
être le fossile déjà signalé par Quenstedt et Credner, et que
Schlœnbach a décrit et figuré. — Cette jolie petite coquille, dont

---

(1) Uber die Grenz-Gebilde zwischen dem keuper und dem Lias, etc.,
in : neues Jahrbuch für Mineralogie — 1860, in-8 Stuttgart, p. 308.

les exemplaires se montrent en nombre considérable sur chaque fragment, varie beaucoup pour les dimensions : sa longueur va de 1 à 6 milimètres ; souvent les deux valves sont réunies et les stries concentriques bien conservées. — La description et les figures que donne Schlœnbach s'accordent parfaitement avec nos fossiles. — Je remarque de plus cette circonstance que, dans le Hanôvre, comme autour de Lyon, le *Tœniodon præcursor* se trouve en familles nombreuses réunies sur les mêmes plaques, comprenant des individus à tous les degrés de développement. — Schlœnbach indique la grandeur de 1 à 10 millimètres. — Les plus grands spécimens du département du Rhône ne dépassent pas 6 millimètres. Il n'y a aucune variation pour la forme ni pour les ornements. — Les fines stries concentriques présentent une régularité admirable — Je crois que ces stries ont été un peu trop espacées dans les dessins (grossis 5 fois) que l'on trouvera planche 1, figures 2 et 3. Je n'ai pas trouvé d'échantillons donnant les détails de la charnière, mais les specimens de Saint-Didier et de Cogny sont en assez bonnes conditions pour ne pas désespérer d'y parvenir plus tard.

Localité : Saint-Didier le Monteillet, Cogny (Rhône).

Explication des figures : Pl. 1, fig. 1, une plaquette du Monteillet, couverte de *Tœniodon præcursor* de grandeur naturelle ; fig. 2, coquille grossie 5 fois : fig. 3, la même vue du côté des crochets, grossie 5 fois de ma collection.

Anatina præcursor (Oprel).

(Planche 1, fig. 5.)

1858. Oppel. Weitere nachweise der Kossener Schichten : in Sitzungs-Ber.. d. k. akad. Tome XXVI, page 7.

1862. Stoppani. *Paléontologie lombarde*, page 127, planche 29, fig. 16-19.

La coquille figurée pl. 1, fig. 5, a été recueillie par moi dans les marnes fines, couleur gris rosâtre de *Lagnieu* (Ain); sa longueur est de 22 millimètres, sur 12 de largeur, elle est fort bien conservée, mais engagée dans le calcaire marneux, de manière à ne pas laisser voir sa charnière; je crois ne pas me tromper en la réunissant aux coquilles, que décrit M. Stoppani, des schistes noirs d'un bons nombre de localités.

Localité : Chavignes, près Lagnieu (Ain), chemin de Souclin.

Explication des figures : Pl. 1, fig. 5, coquille de grandeur naturelle de ma collection.

Myacites Escheri (Winkler).

(Planche 1, fig. 6.)

1859. Winkler. Die Schichten der avicula contorta, 8° München, page 19, planche 11|, fig. 7.

Cette coquille de 26 millimètres de longueur sur 14 de largeur, vient des carrières de *Bully* (Rhône), elle paraît se rapporter très-bien, pour les contours et les fines stries concentriques, à la figure 7 *b*, que l'on trouve dans l'ouvrage cité. — La taille est à peu près la même. — Winkler donne comme localité pour cette coquille, *Joch*, en allant de la *Steppberalpe* à l'*Elmauthal*. — Il y a rencontré en même temps *Anomia alpina* (Winkler), *Anomia Schœfhautli* (Winkler), *Ostrea gracilis* (Winkler, *Plicatula intus striata* (Emmerich). *Gervillia inflata* (Schafhæutl), *Avicula contorta* (Portlok).

Localité : Carrière de Bully (Rhône).

Explication des figures : Pl. 1, fig. 6, coquille de grandeur naturelle, de ma collection.

En comparant les couches dont je viens de parler et les fossiles recueillis sur chaque point, on remarquera qu'il n'est pas possible d'avoir la certitude que toutes doivent se rapporter au niveau de l'*avicula contorta*, puisque ce dernier fossile n'a été encore rencontré que dans un très-petit nombre de localités; cependant nous avons des données assez précises sur le niveau de ces couches pour pouvoir assurer qu'elles sont placées partout au dessus du *bone-bed* et au dessous de la zône à *ammonites planorbis*. — Il résulte de cette assurance, que ces couches sont comprises dans des limites verticales tellement étroites, que nous sommes autorisés à les regarder comme formant un ensemble que l'on peut avec raison attribuer à la zone à *avicula contorta*.

Tous les fossiles me paraissent spéciaux à la zone, en exceptant le petit *orthostoma* trouvé avec les *tæniodons* du Monteillet, coquille tout à fait semblable à celle de la zone supérieure à *ammonites angulatus*. — Sa conservation, du reste, est parfaite, et sa position indiscutable, car il est fortement empâté au milieu d'une plaquette couverte de *tæniodon præcursor*.

La bonne conservation des fossiles que fournissent plusieurs gisements du bassin du Rhône, à peine entrevus jusqu'à présent, permet d'espérer de voir bientôt s'augmenter beaucoup les listes si peu nombreuses des fossiles de la zone à *avicula contorta*.

ZONE DE L'AMMONITES PLANORBIS

La deuxième subdivision de l'infrà-lias est la zone de l'*ammonites planorbis*, séparée de celle caractérisée par l'*avicula contorta*, par une épaisseur souvent notable de grès variés et fournissant des fossiles tous différents. — C'est le niveau décrit par M. Martin, dans la Côte-d'Or, sous le nom de *lumachelle* de l'*infrà-lias*.

Si l'on voulait considérer cette zone dans le bassin du Rhône seulement, il serait plus naturel de lui donner le nom de zone à *plicatula intus-striata*, du nom du fossile le plus répandu partout. En effet, sur quelque point que portent les recherches, on aura plus vite trouvé dix exemplaires de cette plicatule qu'un seul fragment de l'*ammonite planorbis*. Il faut cependant adopter le mot qui rattache le mieux ce niveau remarquable de notre *infrà-*

lias à celui d'autres contrées, et, d'ailleurs, comme l'*ammonites planorbis* ne manque presque jamais, il n'y a pas d'inconvénient, même dans notre bassin, à donner son nom aux couches qu'elle caractérise.

A l'exception du *mytilus glabratus*, je ne connais pas de fossiles de la zone à *avicula contorta* qui passe dans celle de l'*ammonites planorbis*. — Il n'est pas possible de mieux justifier la séparation que nous faisons de ces deux zones, toujours séparées d'ailleurs, dans nos contrées, par des masses de marnes, de cargneules et surtout de grès plus ou moins importantes.

Cette subdivision correspond à la lumachelle de l'infrà-lias, dans la Bourgogne, selon le mémoire de M. Martin ; sa faune st nombreuse, variée et très-constante en même temps. — Sur plusieurs points situés au midi, c'est l'horizon le plus assuré pour s'orienter dans les couches jurassiques inférieures, les fossiles des autres niveaux du lias et de l'oolite inférieure se trouvant amoindris ou oblitérés. Cette faune se rencontre identique, sur plusieurs points en dehors de nos limites, notamment dans le département de la Côte-d'Or, du Cher et de la Manche. Dans les environs de *Semur* (Côte-d'Or), l'infrà-lias, le lias, et l'oolite inférieure correspondent couche par couche aux mêmes terrains de la partie *nord* de notre bassin, Charollais, Bugey, Mâconnais, montrant partout les mêmes séries de fossiles et presque toujours les mêmes caractères minéralogiques. — On peut encore y joindre plusieurs régions de la Haute-Marne et de la Nièvre. — Les dépôts se sont faits partout dans la même mer.

Dans toute la portion du bassin qui est au nord de Lyon, la zone à *ammonites planorbis* se compose, en bas, de marnes blanchâtres, de cargneules, de grès, et en haut, de calcaires compactes à grain fin, presque blancs, criblés de tubulures assez profondes partout où les surfaces ont subi les influences atmosphériques. Il ne s'agit pas ici de trous façonnés par des coquilles perforantes, mais de tubes irréguliers, se rétrécissant dans la profondeur et résultant d'une désagrégation locale due probablement autant à la nature du calcaire qu'à la présence dans la pâte de quelques corps organisés inconnus. On y trouve aussi beaucoup de stylolites : ces calcaires sont ordinairement à la partie supérieure du groupe et le phénomène de la perforation des surfaces est très-général, il a, par conséquent, une certaine importance. — Ces calcaires alternent souvent brusquement avec des grès à grain fin et forment des plaquettes épaisses, solides, couvertes de fossiles. — On voit des couches formant une véritable lumachelle, des mieux caractérisées, en contact avec des bancs de grès tout à fait dépourvus de fossiles.

Sur certains points on trouve à la partie moyenne plusieurs mètres de calcaire gris bleuâtre, sublamellaire, très-dur, avec la *lima* et le *pecten valoniensis*. Dans le *Mont-d'Or*, les calcaires blanchâtres à grain fin et le calcaire sublamellaire sont connus sous le nom de *choin bâtard*.

Il faut ajouter à la nomenclature des roches de cette subdivision, un calcaire oolitique à fines oolites, couleur blanchâtre d'une nuance irrégulière, et tout à fait dépourvu de fossiles, qui se voit à la partie supérieure de la zone à *Saint-Didier-au-Mont-d'Or*, pentes à l'est, au dessous de la nouvelle église ; cette roche, tout à fait locale, paraît être un accident, et je n'ai vu nulle part rien de semblable.

Les coupes donnent des séries très-variées pour les détails.

A *Ville-sur-Jarnioux* (Rhône), après avoir passé le hameau de *Saint-Clair*, on arrive sur la route de *Sainte-Paule*, à un point nommé la *Croix du Saule d'Oingt* ; au nord de la croix, la tranchée nouvelle de la route donne la coupe suivante de haut en bas :

	mètres.
Calcaire compacte, fin, blanchâtre, à tubulures. . .	4,40
Marnes et calcaires jaune clair avec *ostrea, plicatula*, etc.	5 —
Véritable lumachelle, gris jaunâtre.	0,40
Calcaire marneux blanchâtre, en plaquettes, avec bivalves . , ...	3,80

Près de *Cogny* (Rhône), à la petite montée, avant le bourg, au point où le chemin quitte la route départementale de Villefranche à Thizy, ou trouve une coupe assez bonne, quoique incomplète sur quelques points, de tout l'*infrà-lias,* la voici :

Couches à *gryphées arquées.*
Calcaire dur, gris bleuâtre avec grains de quartz, cardinies, polypiers, etc. 1,20
Grès et calcaires grézeux compactes alternant, sans fossiles. 3,5
Lacune de quelques mètres :
Grès couleurs variées, bancs minces, calcaire rouge subcristallin très-dur, calcaire grézeux, pas de fossiles. 4 —

Zone à *ammonites planorbis.*
Calcaire sublithographique, blanchâtre, bancs minces, avec stylolites, tubulures, fossiles à la partie inférieure. . . . . . . : 4,50

Petite lacune :

Grès blanc grossier et grès rouge dur à grains très-fins. 0,40
Grès grossier blanc rosé. 0,80
Grès rouge grossier, gros feldspaths. 0,90
Grès blanc sableux, peu solide . . . . 1 —

On trouve encore une bonne coupe de l'*infrà-lias* à *Chessy* (Rhône), dans le chemin qui conduit à l'usine de MM. Perret.

Coupe de l'infrà-lias à Chessy.

Calcaires à *gryphées.*
Calcaire dur avec cardinies. 1,2
Petite lacune :
Calcaires marneux blanchâtres, avec rognons durcis. . 3 —
Calcaires avec grains de quartz. . . . . 1 —
Marnes jaunes cloisonnées. . . . . 1 —
Marnes vertes. 0,25

Zone à *ammonites planorbis.*
Marnes jaunes cloisonnées. 1,80
Calcaire compacte, tubulures, stylolites. . . . . . 3 —

Marnes jaunes. 0,90
Marnes blanchâtres à *ostrea* . . . . 1 —
Lumachelle, banc dur, stylolites 0,80
———————
Calcaire, bancs minces. 3,50

A *Saint-Fortunat,* au Mont-d'Or, à l'ouest du village , quartier du Mât, on a repris, depuis quelques années, pour la construction de la nouvelle église de Saint-Didier, une carrière peu profonde, taillée en plein dans le calcaire à *pecten valoniensis.* Ces calcaires très-durs, lourds et d'une taille difficile, sont ordinairement laissés de côté, dans un pays où les excellentes pierres des zones supérieures abondent. — Voici la coupe que présente cette exploitation.

En haut, calcaire dur, lumachelle. 0,55
Cargneules jaune soufre et jaune foncé alternant avec
    un calcaire marneux, lourd, couches minces, très-irré-
    gulier. . . . . 0,80 à 1,50
Calcaire bleuâtre, dur, lourd, avec petits centres cristal-
    lins translucides, enfumé, rempli de *pecten valo-
    niensis* et coupé de deux petites mises de marnes
    jaunes . . . . 3 —

Les ouvriers assurent que ce calcaire continue dans la profondeur; je crois que l'on trouverait bientôt, au dessous, les marnes à *ostrea sublamellosa.* — Il est à remarquer que les spécimens du *pecten valoniensis,* répandus dans toute la hauteur, ne sont jamais bivalves et sont placés dans tous les sens, de la manière la plus arbitraire, par rapport au plan de stratification, ce qui n'existe pas sur d'autres points très-rapprochés de celui-ci.

A *Saint-Quentin* (département de l'Isère), entre la station du chemin de fer et le bourg, il y a une carrière superficielle où, en exploitant les graviers tertiaires, on a trouvé les calcaires du lias et de l'*infrà-lias.* — Ce gisement est particulièrement riche en plicatules, de la zone à *ammonites planorbis.* Je saisis cette occasion pour indiquer, dans cette carrière même, un des plus

beaux blocs de transport que l'on puisse voir, que les déblais du
gravier ont mis à nu et qui repose sur les calcaires du lias inférieur. — C'est un énorme quartier de granit gneissique, bleu
clair, très-dur, entièrement formé d'une roche finement plissée sur elle-même et comme tricotée. Les angles sont à peine
émoussés. — Ce magnifique bloc, dont le volume dépasse 12 mètres cubes, ne se rapproche par ses caractères minéralogiques
d'aucune des roches cristallines du pays.

Pour les départements du Midi on ne peut suivre les coupes
que sur des affleurements. — La nature minéralogique des couches est moins variée que dans le Nord. — Les fossiles se trouvent tous dans un calcaire gris bleuâtre compacte, fin, dur et
fissile, posé sur des couches de marnes blanc jaunâtre, durcies :
souvent on y rencontre les tubulures caractéristiques des surfaces dont nous avons parlé, et partout une tendance à se séparer en plaques plus ou moins épaisses.

L'un des plus beaux gisements se trouve à *Veyras* (Ardèche),
près Privas, dans les collines situées entre la route impériale et
le village, et près du four à chaux de la *Barèse*. Je citerai encore celui de *Robiac* (Gard), dans les collines qui sont au dessus du hameau de *Gammal*, où le *pecten Pollux* est particulièrement abondant ; — celui du *Chaylard* près d'*Aujac* (Gard); enfin
le beau gisement du ravin des Balmelles, près de Villefort (Lozère), si bien décrit par M. Hébert (1), mais que je n'ai pas
visité.

La zone de l'*ammonites planorbis* représente exactement la portion de l'*infrà-lias* que M. J. Martin comprend sous le nom de
lumachelles, en Bourgogne. Nous pouvons lui assigner une épaisseur moyenne de 12 à 13 mètres, en y comprenant une partie
des grès qui la séparent de la zone supérieure à *ammonites angulatus*. Sur quelques points, évidemment littoraux, elle offre

(1) Note sur les limites du lias. — *Bulletin de la Société géologique de
France*, 2ᵉ série, tome 16, page 905.

une épaisseur bien moindre ; ainsi à *Saint-Cyr-au-Mont-d'Or* , à l'entrée du chemin dit de la *Forge*, tout près du bourg, l'ensemble des couches de l'*infrà-lias*, depuis la zone du lias inférieur, ne paraît pas dépasser 9 mètres, et l'on y peut distinguer cependtoutes les subdivisions.

DÉTAILS SUR LES GISEMENTS.

Je donne ici la liste des localités où l'on peut recueillir les fossiles, et les détails précis qui serviront à les faire trouver sans perte de temps. — Ce qui nous permettra , ensuite , d'indiquer chaque gisement par un seul mot en évitant les répétitions et les longueurs.

Antully. — Au sud-est d'Autun (Saône-et-Loire).

Narcel. — Nom d'une colline du Mont-d'Or lyonnais, située au dessus et au nord-ouest de *Saint-Fortunat* (Rhône); l'*infrà-lias* couvre de ses débris tout le sommet de la colline.

Saint-Fortunat. — Village du Mont-d'Or lyonnais, carrières à l'ouest, quartier du *Mât*.

Monteillet. — Hameau du village de Saint-Didier-au-Mont-d'Or, sur plusieurs points.

Saint-Cyr. — Village du Mont-d'Or — Chemin de la Forge, chemin de Férou.

Ssint-Germain. — Village du Mont-d'Or, au dessous des carrières de calcaires. — Les grès inférieurs y ont été exploités pour pavés.

Poleymieux (Rhône). — Pentes boisées au nord, au dessou de la ferme de la *Glande*.

Dardilly. — Village au pied du Mont-d'Or lyonnais, à l'ouest, chemins au nord des carrières et sur plusieurs points.

Anse (Rhône). — Hameau de la *Gontière*.

Bully (Rhône). — Anciennes carrières au dessus de la route impériale.

Croix-du-Saule. — Commune de *Ville-sur-Jarnioux*, département du Rhône, près de *Villefranche*, chemin qui conduit du hameau de *Saint-Clair à Sainte-Paule*, tranchée du chemin près de la Croix.

Cogny. — Bourg du département du Rhône, près de *Villefranche*. — Embranchement de la route. vignes à l'ouest du village.

Burgy (Saône-et-Loire). — Village près de *Lugny*, chemin de *Péronne*.

Saint-Quentin (Isère). — Village près de la *Verpillière*. — Carrières du bourg, carrières près de l'embarcadère.

Veyras (Ardèche). — Village près de *Privas*. entre le village et la grande route.

Flacher (Ardèche). — Près de *Veyras*.

Aubenas (Ardèche). — Hauteur de la *Zuelle*,

Mercruer (Ardèche). — Village près d'*Aubenas*.

Vinezac (Ardèche). — Près de l'*Argentière*, toutes les vignes autour du village.

Clet (Gard). — Village près de *Saint-Ambroix*, bords de la rivière.

Gammal (Gard). — Hameau qui dépend de *Robiac*. près de *Saint-Ambroix*, colline au dessus.

Chaylard — Ancien château sur la grande route, à 1 kilomètres d'*Aujac* (Gard).

Les Balmelles. — Ravin près de *Villefort* (Lozère).

Le Beausset (Var). — Hauteurs sous le vieux *Beausset*.

LISTE DES FOSSILES DE LA ZONE A AMMONITES PLANORBIS.

Ichthyosaurus.	Croix du Saule.
Ichythosaurus.	Antully.
Ecaille de poisson.	Narcel.
Ammonites Burgundiæ (Martin). r.	Veyras.
Ammonites planorbis. (Sowerby). c.	Veyras, Narcel et partout.
Ammonites Johnstoni (Sowerby). c.	Narcel, Veyras. Aubenas.

Ammonites. . . . . *r.* Vinezac.

Ampullaria angulata (Deshayes) . *rr.* Narcel.

Littorina clathrata (Deshayes). . *r.* Narcel, Vinezac.

Turritella Deshayesea (Terquem). *cc.* Partout.

Turbo albinatii (E. Dumortier) . *rr.* Mercruer.

Turbo . . . . *r.* Veyras.

Cerithium viticola (E. Dumortier). Narcel, Cogny.

Pleurotomaria rotellæformis (Dunker) . . . . Gammal, Chaylard.

Pleurotomaria. Moule douteux ? *r.* Narcel.

Isocardia . . . . *r.* Vinezac.

Astarte thalassina (Quenstedt). . *r.* Gammal.

Cardinia Eveni (Terquem). . . *r.* Veyras.

Cardinia (4 moules intérieurs). .*cc.* Vinezac, Veyras.

Cypricardia Breoni (Martin). . *r.* Narcel, Gammal.

Cypricardia caryota (E. Dumort.). *r.* Mercruer.

Cypricardia porrecta (E. Dumort.). *cc.* Narcel, Gammal, Croix du
Saule, Cogny, Burgy, Chay-
lard, Veyras, Flacher.

Lucina circularis (Stoppani). . *r.* Gammal.

Lucina arenacea (Terquem) . . *r.* Veyras, Gammal, Cr. du Saule.

Nucula. . . . . *r.* Gammal.

Pinna semistriata (Terquem). . Saint-Fortunat, Narcel, Gammal, Veyras.

Pinna Fissa (Goldfuss). . . . *r.* Veyras.

Pinna crumenilla (E. Dumortier). *c.* Gammal, Croix du Saule.

Mytilus hillanus (Sowerby non
Goldfuss) . . . . *r.* Poleymieux, Chaylard, Veyras,
Flacher.

Mytilus productus (Terquem) . . *r.* Cogny.

Mytilus glabratus (Dunker) . . *r.* Flacher.

Mytilus scalprum (Goldfuss) . . *r.* Narcel, Flacher, Croix du Saule,
Gammal.

Mytilus liasinus (Terquem) . . *r.* Narcel.

Mytilus Rusticus (Terquem) . . *r.* Narcel, Veyras.

Mytilus Stoppanii (E. Dumort.) . *cc.* Poleymieux , Narcel , Cogny,
Gammal, Chaylard, Veyras.

Mytilus Dalmasi (E. Dumort.). . *rr.* Veyras.

Pholadomya glabra (Agassiz). . *c.* Narcel.

Pholadomya prima (Quenstedt). . *c.* Veyras, Gammal.

Pholadomya avellana (E. Dum.). *r.* Gammal, Chaylard.

Goniomya Gammalensis(E.Dum.). *r.* Gammal.

Lyonsia socialis (E. Dumort.). . *cc.*Narcel, Veyras , Poleymieux ,
Vinezac.

Pleuromya striatula (Agassiz), . *r.* Gammal.

Pleuromya. . . . . *rr.* Narcel.

Corbula Ludovicæ (Terquem). . *cc.* Partout.

Gervillia obliqua (Martin). . . *r.* Narcel, Veyras.

Gervillia . . . . *r.* Narcel.

Lima valoniensis (Defrance). . *c.c.* Partout.

Lima tuberculata (Terquem). . Saint-Quentin, St-Cyr, Veyras ,
Gammal.

Lima nodulosa (Terquem). . . *r.* Aubenas, Veyras.

Lima duplicata (Sowerby, Sp.) . *r.* Cogny, Gammal.

Pecten valoniensis (Defrance). . *cc.* Narcel, Saint-Fortunat, Burgy,
Veyras, Gammal, Joyeuse.

Pecten Thiollierei (Martin) . . *c.* Saint-Cyr, Saint-Germain, Saint-
Fortunat , Dardilly, Poley-
mieux, Cogny, Veyras, Gammal, Chaylard, Balmette.

Pecten pollux (D'Orbigny). . . *c.* Saint-Cyr , Narcel , Cogny ,
Croix du Saule , Veyras ,
Gammal, Chaylard.

Pecten Enthymei (E. Dumort.) . *r.* Veyras.

Pecten securis (E. Dumort.) . . *r.* Mercruer, Clet.

Pecten . . . . Narcel, Veyras, Flacher.

Hinnites velatus (Goldfuss , Sp.). *r.* Mercruer, Clet, Gammal.

Hinnites liasicus (Terquem)? . *rr.* Veyras

Harpax spinosus (Sowerby, Sp.). *c.* Saint-Quentin, Narcel, Croix du
Saule, Saint-Cyr,Cogny.

Plicatula intusstriata (Emmerich) *cc.* Partout.

Plicatula hettangiensis (Terquem) *c.* Saint-Cyr , Cogny , Narcel , Croix du Saule, Veyras , Gammal.

Plicatula oceani (D'Orbigny). . *r.* Saint-Cyr, St-Quentin, Veyras.

Plicatula crucis (E. Dumortier). *rr.* Croix du Saule.

Placunopsis Munieri (E. Dumort.) *r.* Narcel.

Ostrea sublamellosa (Dunker). . *cc.* Partout.

Ostrea marcignyana (Martin). . *r.* Narcel, Gammal.

Ostrea Rhodani (E. Dumort.) . Cogny, Veyras, St-Cyr, Narcel, Dardilly, Gammal, Chaylard.

Gryphœa arcuata (Lamark.). . *r.* Saint-Fortunat, Narcel.

Anomia Schafhœutli (Winkler) . *r.* Saint-Fortunat.

Terebratula psilonoti (Quenstedt). Aubenas, Gammal.

Cidaris........? . . . . . . *rr.* Narcel.

Diademopsis serialis (Desor) . . Narcel, Veyras.

Diademopsis buccalis (Desor). Gammal, Narcel , Veyras, Vinezac.

Diademopsis minimus (Desor) . *r.* Gammal.

Diademopsis nudus (E. Dumort.). *r.* Mercruer.

Dent d'Echinide . . . . . . Saint-Cyr , Narcel , Veyras , Flacher.

Pentacrinus psilonoti (Quenstedt). *c.* Partout; très-abondant à Veyras.

Pentacrinus Euthymei (E. Dum.). *r.* Aubenas.

Thecosmilia Martini (E. de Fromentel) . . . . . . Monteillet, Dardilly, Veyras.

Thecosmilia major (de Ferry). . Veyras, Flacher.

Astrocœnia sinemuriensis (E. de Fromentel). . . . . . . Monteillet, Dardilly, Veyras, Vinezac.

Stylastrea Martini (E. de From.). *r.* Flacher.

Crustacés . . . . Cogny, Gammal.

Végétaux tiges rondes. . . . . Narcel , Croix du Saule, Gammal.

DÉTAILS SUR LES FOSSILES.

Ichthyosaurus...... Petite vertèbre.

(Pl. I, fig. 17 et 18.)

Dimensions : longueur 20 millim., largeur moyenne 19 millim., épaisseur 6 millim. 1/2.

Fortement biconcave mais inégalement ; la forme est polygo-
nale; le côté (*a*), figure 18. a été représenté un peu trop large
par le déssinateur. La texture finement vermiculée.

Cette vertèbre vient des marnes blanches inférieures de la
Croix du Saule. Herman von Meyer donne (*Paleotographica*, vol. I,
pl. 29, fig. 52) le dessin d'une vertèbre qui a beaucoup de rap-
por avec la nôtre pour le contour , tout en ayant une épaisseur
double ; elle provient des couches les plus supérieures du *Muschelkalk* de *Silésie*, et paraît appartenir à la série des vertèbres
du col, d'après *von Meyer*.

Localité : La Croix du Saule, *r*.

Explication des figures : Pl. I, fig. 18, vertèbre vue de
face, grandeur naturelle ; fig. 17 , la même, vue de profil.
De ma collection.

Ichthiosaurus..... Grande vertèbre.

(Pl. II , fig. 1, 2, 3, 4.)

Dimensions : diamètre 13 centimètres 1/2 , épaisseur 40 à
42 millim.

Autre vertèbre du même saurien, mais beaucoup plus grande,
fortement biconcave et peu épaisse relativement à sa grandeur.
La facette antérieure offre le contour d'un cercle parfait : la
concavité est régulière et commence dès les bords. Le dessus
(figure 2), un peu plus étroit que le dessous, montre deux sillons assez profond, divergents. Les côtés (figure 3) laissent voir

plusieurs petites empreintes d'attaches des muscles, et des facettes brisées.

La substance osseuse, admirablement conservée, dans tous ses détails, montre sur les deux faces un réseau très-fin, vermiculé. La figure 4 donne l'aspect d'un morceau de la surface, grossi deux fois, et pris au point marqué (*a*) sur la figure 1 de la même planche; sur le contour antérieur de la concavité, la surface vermiculée paraît de plus mamelonnée ou plutôt couverte de petites vallées arrondies, convergeant confusément vers le centre. La face postérieure de la vertèbre est fort irrégulière.

Localité : Cette vertèbre a été recueillie par M. l'abbé *Duchène*, sur le plateau d'*Antully*, au sud-est d'*Autun* (Saône-et-Loire), à l'altitude de 550 mètres, dans un calcaire siliceux qui repose sur le gneiss. Cette localité paraît renfermer d'importants débris de sauriens et de poissons.

Explications des figures : Planche II, fig. 1, vertèbre vue en face, moitié grandeur. Figure 2, la même, vue par dessus. Fig. 3, la même, vue par côté. Fig. 4, détail de la surface grossie au double de la grandeur naturelle de la collection de M. *Albert Falsan*.

Écaille de poisson.

(Pl. VII, fig. 17.)

Ecaille lisse et brillante sur la face principale, formant un carré de 5 millim. au moins de côté. Sur deux des côtés de ce carré se trouve une bordure de 1 millim. de largeur, qui forme un petit bandeau à surface un peu bombée, surmonté à gauche de deux pointes bien prononcées : cette bordure, dont la couleur jaune est bien semblable à celle de l'écaille, présente cependant une surface matte qui contraste beaucoup avec le brillant vif de la partie qui est émaillée.

Localité : Je l'ai trouvée dans les marnes inférieures de **Narcel**.

Explication des figures : Pl. VII, fig. 17, écaille de poisson de Narcel, grossie deux fois.

Ammonites planorbis (SOWERBY).

Cette ammonite se trouve partout, sans être très-abondante
dans chaque localité. Elle prenait quelquefois un grand développement. Parmi mes échantillons recueillis à Veyras, il y a un
fragment qui implique, pour le diamètre de coquille à laquelle il
appartient, la largeur de 22 centimètres au moins.

Localité : Partout.

Ammonites Johnstoni (SOWERBY).

On en rencontre souvent des échantillons, en fragments surtout, presque partout où se trouve l'*Ammonites planorbis* qui est
toujours au même niveau.

L'ammonite Johnstoni est très-abondante à Veyras.

Localité : Partout.

Ammonites........

(Pl. III, fig, 1 et 2.)

Je ne connais qu'un fragment de cette ammonite, que je ne
puis rapporter à aucun type connu ; mais l'échantillon n'est pas
assez complet pour m'autoriser à en faire une espèce : le dernier
tour a 13 millim. de largeur aussi bien que d'épaisseur, la
coquille a 40 millim. de diamètre, l'ombilic 17 à 18 millim. Les
tours ronds portent des côtes disposées comme celles de l'*Ammonites Johnstoni*, mais plus marquées sur l'ombilic ; les autres caractères ne s'accordent pas. — Le mode d'enroulement de notre
ammonite est tout différent, et il me paraît, d'après le fragment
observé, que les tours doivent se recouvrir fortement, — le
dos est rond et lisse.

Localité : Vinezac. r.

Explication des figures : Pl. III , fig. 1, fragment d'ammonite de Vinezac, de grandeur naturelle. Fig. 2, le même, vu du côté du dos. De ma collection.

Littorina clathrata (DESHAYES).

1854. Deshayes : Mémoire de M. Terquem : Paléontologie de la province de Luxembourg. *Mémoire de la Soc. Géolog. de France,* page 250, pl. XIV, fig. 2.

Quoique cette coquille soit une des plus répandues dans la zone supérieure de l'infrà-lias, il est certain qu'on la trouve déjà, quelquefois, dans la zone inférieure. Ainsi, au dessus de Saint-Fortunat, dans les calcaires sublithographiques (choin bâtard) de Narcel, qui forment la partie supérieure de la zone à *Ammonites planorbis* , il n'est pas très-rare de rencontrer la *littorina clathrata,* de petite taille, au contact supérieur des couches à *pecten valoniensis.*

Localité : Narcel. *r.*

Turrritella Deshayesea (TERQUEM).

1854. Terquem : *Paléont. de la province de Luxembourg,* p. 253, pl. XIV, fig. 7.

Cette coquille, une des plus importantes et des plus caractéristiques, pour la zone à *Ammonites planorbis,* se trouve abondamment partout et quelquefois de très-grande taille. Elle se rencontre jusque dans les couches les plus anciennes de cette subdivision. — J'ai recueilli à *Collonges* (Rhône), au dessus du château de *Tourvéon,* des fragments de *turritella Deshayesea* qui dénotaient des exemplaires plus grands d'un tiers que l'échantillon dont M. Terquem donne le dessin dans son mémoire.

Localité : Partout. *cc.*

Turbo albinatii. Nov. Sp.

(Pl. IV, fig. 7 et 8.)

Testâ ovato-conoideâ, anfractibus 6, subconvexis, in longitudinem acuté tricarinatis, interstitiis transversim subtilissimé lineatis, ultimo anfractu rotundato, sulcis minutis decurrentibus notato ; aperturâ rotundatâ, elatâ.

Dimensions : longueur totale 26 millim., diamètre 13 millim., ouverture de l'angle spiral, 40°.

Coquille conique, allongée, sans ombilic, spire formée d'un angle régulier, composée de tours anguleux, subconvexes, pourvus en long de trois carènes étroites, inégales, saillantes ; les bandes déprimées, placées entre ces carènes, sont couvertes de fines stries verticales, serrées et légèrement irrégulières. — Le dernier tour arrondi porte 10 à 12 lignes très-rapprochées dont les intervalles semblent être aussi garnis de stries transverses. — Le mauvais état de l'échantillon empêche de bien distinguer les détails. — La bouche est très-haute, arrondie, et il s'en faut de peu que le dernier tour ne soit aussi haut que le reste de la coquille.

Goldfuss donne (planche CXCIII) les figures de trois turbos, dont les ornements ont beaucoup de rapports avec le *Turbo albinatii*, tout en en différant notablement; ce sont les *Turbo venustus*, fig. 9, *Turbo elegans*, fig. 10, et le *Turbo Dunkeri*, fig. 11. Ils proviennent du lias de *Banz*.

Le *Turbo princeps* (Rœmer) du Corallien, n'est pas sans analogie non plus avec le nôtre; mais chez tous la forme est moins allongée et l'angle spiral plus ouvert.

Localité : *Mercruer*, près *Aubenas* (Ardèche), *rr.*, un seul échantillon recueilli par le frère Euthyme, qui a bien voulu me le confier.

Explication des figures : Pl. IV, fig. 7, *Turbo albinatii*, grandeur naturelle. Fig. 8, le même, vu du côté de la bouche.

Turbo......

(Pl. XIV, fig. 1.)

Dimensions : longueur 20 millim., largeur 15 millim.

Cette coquille n'est connue que par un moule que j'ai rapporté de Veyras, et d'après lequel il serait imprudent d'établir une espèce ; l'ouverture de l'angle spiral est de 52° ; les tours, au nombre de 5, sont convexes et carénés.

Localité : Veyras. *r.*

Explication des figures : Pl. XIV, fig. 1, Turbo, moule intérieur, de Veyras.

Pleurotomaria.....

(Pl. VII, fig. 10 et 11.)

Le moule de Pleurotomaire, dont on trouvera le dessin pl. VII, est tout à fait insuffisant et ne peut pas être décrit. — Je donne ces figures pour ne pas omettre ce que nous connaissons en gastéropodes dans une zone où il n'y a presque que des coquilles bivalves.

Localité : Narcel. *r.*

Explication des figures : Pl. VII, fig. 10 et 11, coquille (moule) de Narcel, de ma collection.

Cerithium viticola. Nov. sp.

(Pl. III, fig. 3.)

Testâ minutâ, pyramidali, apice acuminato, anfractibubus 8. 9. carinatis, disjunctis, longitudinaliter bicingulatis, trans-

versim striatis, carinis in medio et anticè positis, apertura subrotundà, labro acuto.

Dimensions : ouverture de l'angle apicial 25°, longueur 4 à 5 millim., diamètre 1 1/2.

Très petite coquille turriculée, allongée, spire formée d'un angle régulier, composée de tours anguleux, convexes, ornés en long de deux carènes saillantes, l'une au milieu du tour, l'autre en avant contre la suture; couverts partout de fines stries transverses formant de très-petites crénelures sur les carènes; le dernier tour porte une ou deux lignes saillantes, en avant, autant que l'extrême petitesse des échantillons permet de le discerner : la bouche est arrondie, le labre externe paraît coupant, les échantillons complets laissent compter 10 tours de spire.

Les ornements ont quelques rapports avec ceux de la *Turritella Humberti* (Martin), mais ils sont plus marqués proportionnellement dans notre *Cerithium*, dont la forme, d'ailleurs, est beaucoup moins allongée.

Localité : Ce joli petit *Cerithium* se trouve surtout dans les vignes au dessus de *Cogny* (Rhône). Sur un morceau de calcaire, que j'ai rapporté de cette localité, on en peut compter plus de 30 exemplaires tous de la même taille. Je l'ai trouvé également au mont *Narcel*.

Explication des figures : Pl. III, fig. 3, Cerithium viticola vu du côté de la bouche, grossi 6 fois, de Cogny.

Isocardia.....

(Pl. III, fig. 5 et 6.)

Dimensions : longueur 30 millim., largeur 25 millim., épaisseur 20 millim.

L'échantillon que j'ai à ma disposition n'est qu'un moule assez bien conservé : coquille bombée, plus longue que large, crochets saillants, contournés, très-obliques. Malheureusement une des valves a glissé sur l'autre, et l'un des crochets est tronqué; il y a des indices de plis concentriques. — L'une des valves laisse voir sur la région palléale un sillon profond, irrégulier, qui suit à peu près le contour inférieur à 2 ou 3 millim. du bord, et qui indique dans la coquille une saillie notable formant rebord intérieur. Il sera bien d'attendre, pour nommer cette coquille intéressante, d'avoir d'autres spécimens plus complets.

Localité : Vinezac. *r.*

Explication des figures : Pl. III, fig. 5, *Isocardia* de Vinezac, grandeur naturelle, moule intérieur. Fig. 6, la même, vue de côté.

Astarte thalassina. (QUENSTEDT).

(Pl. III, fig. 4.)

1858. Quenstedt, der Jura, page 45, texte et figure.

Je n'ai recueilli qu'un seul échantillon de cette coquille, dans les marnes inférieures de *Gammal*, près de *Robiac* (Gard), mais il se rapporte parfaitement au dessin que donne *Quenstedt*, tout en étant un peu moins grand; la coquille est fort épaisse, ce que l'on peut fort bien voir, grâce à la partie brisée. L'*Astarte* du Wurtemberg appartient, comme la nôtre, à la zone de l'*Ammonites planorbis.*

Localité : Gammal. *r.*

Explication des figures : Pl. III, fig. 4, coquille engagée sur un fragment de calcaire de grandeur naturelle. Ma collection.

Cardinia Eveni (TERQUEM).

(Pl. IV, fig. 4, 5, 6.)

1855. Terquem. *Paléontologie de la province de Luxembourg*, p. 297, pl. XX, fig. 3.

3

Dimensions : longueur 26 millim., largeur 44 millim., épaisseur 20 millim.

Le bel échantillon bivalve, dont je donne le dessin pl. IV, a été recueilli par le frère Euthyme à *Veyras* (la Barèze). Cette cardinie a beaucoup de ressemblance avec la *Cardinia acuminata* (Martin), mais dans celle-ci les crochets sont moins excentriques et la *Cardinia Eveni* ne montre pas le large méplat indiqué pour la *C. acuminata*, sur la partie dorsale.

M. Martin signale la *C. acuminata* dans la zone inférieure et dans la zone à *Ammonites angulatus* : nous verrons plus loin que la *C. Eveni* se montre également aux deux niveaux de l'infrà-lias.

Localité : Veyras. *r.*

Explication des figures : Pl. IV, fig. 4, coquille de Veyras de grandeur naturelle. Fig. 5, la même, vue du côté des crochets. Fig. 6, la même, vue par le côté intérieur. De la collection des Frères maristes de Saint-Genis-Laval.

Cardinia.....

(Pl. III, fig. 7, 8, 9, 10.)

Les *Cardinia* sont extraordinairement abondantes à Veyras, mais elles sont presque toujours dépourvues de leurs tests, ce qui rend leur détermination bien difficile. — Je me contente donc de donner un dessin des moules intérieurs ; ces moules paraissent appartenir à quatre espèces différentes. — Ils suffisent pour démontrer que si les cardinies sont en nombre considérable dans la zone supérieure, elles sont représentées aussi par un bon nombre d'espèces dans la zone à *Ammonites planorbis*.

Localité : Veyras, Vinezac.

Explication des figures : Pl. III, fig. 7, 8, 9, 10. — Moules intérieurs de cardinies de Veyras. — Ma collection.

Cypricardia Breoni (MARTIN).

(Pl. V, fig. 13 et 14.)

1860. J. Martin. *Paléontologie stratigraphique de l'infrà-lias*,
page 81, pl. III, fig. 17 et 18.

Dimensions : longueur **21** millim., largeur **45** millim. et
plus, épaisseur **17** millim.

Le bel échantillon dont on trouvera la figure pl. V, s'accorde
parfaitement avec celui que M. Martin décrit de *Marcigny-sous-
Thil*. Il manque sur le nôtre une portion plus considérable de la
partie postérieure, mais en revanche une partie du bord palléal
étant conservé, il peut donner une idée plus vraie de la forme.
— Notre échantillon est bivalve. Le contour, du côté antérieur,
est assez fortement tronqué autour du point (*a*), comme l'indique
la figure.

Localité : Gammal. *r*.

Explication des figures : Pl. V, fig. 13, C. Bréoni, de
grandeur naturelle. Fig. 14, la même, vue du côté des crochets. Ma collection.

Cypricardia caryota. Nov. Sp.

(Pl. XIV, fig. 2 et 3.)

*Testâ ovatâ, transversâ, inæquilaterali, subcarinatâ, mar-
gine postico truncatâ, irregulariter concentricè rugosâ, umbonibus depressis, crassis.*

Dimensions : longueur **11** millim. 1/2, largeur **21** millim.,
épaisseur **8** millim.

Coquille ovale dans son ensemble, un peu renflée, équivalve, inéquilatérale. — Valves couvertes de plis concentriques irréguliers, assez gros. Crochets peu élevés, obtus, placés au deux cinquièmes antérieurs. — Le côté buccal arrondi; le côté anal est coupé obliquement, et son angle se rattache au sommet par une carène obsolète, passé laquelle les stries s'atténuent beaucoup: bord palléal arrondi, bord cardinal droit.

Ce n'est qu'avec doute que j'assigne le genre de cette coquille; elle ne m'est connue que par un seul échantillon, très-bien conservé, il est vrai, mais qui ne m'a rien appris sur la charnière.

Notre fossile se rapproche beaucoup d'une coquille très-commune dans la Moselle (mais dans la zone supérieure), et dont M. Terquem donne la figure, *Paléont.*, Pl. XVIII, fig. 7. Il la décrit sous le nom de *Saxicava arenicola*. La *Cypricardia caryota* est beaucoup moins grêle, plus robuste. — Je remarque qu'elle ne paraît pas exactement fermée du côté antérieur. Vue par le côté des crochets, elle ressemble à un noyau de datte.

Localité : Mercruer. *r.*

Explication des figures : Pl. XIV, fig 2, coquille de grandeur naturelle, de Mercruer. Fig. 3, la même, vue du côté des crochets. De ma collection.

Cypricardia porrecta. Nov. Sp.

(Pl. VI, fig. 1 à 7.)

Testâ oblongâ, æquivalvi, inæquilaterali, inflatâ, omninô lævigatâ, umbonibus parvulis, anticis, inflexis; margine cardinali et infero rectè decurrentibus : latere antico brevi, subangulato, anali prælongo, truncato.

Dimensions : Longueur 17 millim. Largeur 33 millim.
— — 15 millim. — 30 millim.
Epaisseur 13.
— 9 1/2.

Coquille allongée, renflée, transverse, très-inéquilatérale, valves convexes, tout à fait dépourvues d'ornements. — Côté antérieur arrondi en rostre étroit. — Le côté postérieur descendant du crochet, en ligne droite, vient former l'extrémité anale, un peu tronqué; les crochets petits, acuminés, contournés légèrement en avant et placés aux quatre cinquièmes antérieurs, surmontent une lunule profonde. — Une carène, à peine marquée, descend obliquement du crochet à l'extrémité postérieure. — Les crochets (dans les moules) laissent voir en avant, sur les côtés qui limitent la lunule, un sillon étroit mais profond qui indique l'existence d'une lamelle recourbée, saillante, à l'intérieur de la coquille.

Le bord cardinal est droit; le bord palléal très-légèrement recourbé. Empreinte palléale peu distincte et paraissant entière : empreinte musculaire antérieure petite, saillante sur le moule, cordiforme et placée tout à fait contre le bord, sous la lunule ; celle postérieure est ronde et à peine visible. Les échantillons, qui ne conservent jamais leur test, présentent toujours les deux valves parfaitement fermées. Les détails de la charnière ne sont appréciables que par les empreintes qui restent sur les moules.

Cette coquille est une des plus importantes et des plus caractéristiques de la zone inférieure. Sa forme singulière, raide, sa surface lisse, sa taille qui varie très-peu, la font facilement distinguer. Quelques instants de recherches dans les couches à *Ostrea sublamellosa,* où elle se trouve presque partout en troupes nombreuses, font bien vite reconnaître combien elle est précieuse pour caractériser cet horizon. — Aucune coquille bivalve jurassique ne peut être confondue avec elle : les *Pleuromya,* qui se rapprochent le plus de la *Cypriacardia porrecta,* sont loin d'avoir cette rigidité de contour, ces côtés rectilignes presque sans aucune inflexion.

Localité : En nombre immense à la partie inférieure de la zone à *Ammonites planorbis* à Narcel, Croix du Saule, Cogny, Burgy, Veyras, Gammal, Chaylard.

Je l'ai retrouvée au même niveau, à *Liernais* (Côte-d'Or), près de *Saulieu*, où ses couches couvrent de leurs débris toute une partie de la contrée.

Explication des figures : Pl. VI, fig. 1. *Cypricardia porrecta* du Chaylard, de grandeur naturelle. Fig. 2, la même, vue du côté des crochets. Fig. 3, coquille, de *Gammal*. Fig. 4, coquille de *Burgy*. Fig. 5, la même du côté des crochets. Fig. 6. la même, du côté palléal. Fig. 7, la même, vue par le côté antérieur et grossie deux fois, pour montrer les sillons qui remontent jusqu'aux crochets.

Lucina circularis (STOPPANI).

(Pl. VII. fig. 1 et 2.)

Stoppani. *Paléontologie Lombarde*, page 124, pl. 29, n°s 1 à 4.

Dimensions : largeur et longueur 15 millim, épaisseur 7 millim.

Coquille à peu près circulaire, ornée de fines stries concentriques; crochets saillants et un peu contournés.

L'échantillon unique que j'ai recueilli à Gammal, se rapporte parfaitement aux figures que donne l'abbé Stoppani. — Cette Lucine paraît être fort abondante en Lombardie, dans les schistes noirs du *Gaggio* et de Prà-Lingér.

Localité : Gammal. *r*.

Explication des figures : Pl. VII, fig. 2, *Lucina circularis* de grandeur naturelle, de Gammal. Fig. 1, la même par côté.

Lucina arenacea (TERQUEM).

1855. Terquem. *Paléontologie de la province de Luxembourg*, Pl. XX, fig. 8.

Cette coquille, qui n'est autre que le *Cyclas rugosa* (Dunker), et la *Corbula cardioïdes* (Zieten), commence à se montrer déjà dans la zone inférieure de l'infrà-lias, mais en petit nombre ; c'est un fossile très-facile à reconnaître, mais un des moins caractéristiques, puisqu'on le retrouve dans toutes les assises qui surmontent celle-ci, sans que l'on puisse remarquer de notables différences, soit dans la forme, soit dans la taille des échantillons.

Dans l'Ardèche, par exemple, à la *Croisée de l'Argentière*, je l'ai retrouvée en quantité innombrable dans le lias à *Gryphœa arcuata*, souvent bien plus abondante que cette gryphée elle-même.

Localité : Croix du Saule, Gammal.

Nucula...

(Pl. IV, fig. 12.)

Dimensions : longueur 5 millim., largeur 8 millim.

Petite Nucule de forme régulière presque équilatérale. Est-ce la *Nucula subovalis* (Godfuss)? M. Stoppani donne (fossiles de l'Azzarola, pl. 30) les figures de plusieurs nucules qui me paraissent aussi fort rapprochées de la nôtre.

Localité : Gammal. *r.*

Explication des figures : Pl. IV, fig. 12, coquille de *Gammal*, grossie 2 fois.

Pinna semistriata (TERQUEM).

(Pl III. fig. 11, 12, 13.)

TERQUEM. *Paléontologie du Luxembourg*, page. 309, pl. XXII, fig. 1.

L'échantillon dont je donne le dessin (fig. 11) a été recueilli par moi dans les calcaires durs à *Pecten valoniensis* de Saint-Fortunat, quartier du Mât; il n'est pas en très-bon état, mais il paraît se rapporter à l'espèce décrite par M. Terquem; une valve du *Pecten valoniensis* est attachée sur la *Pinna*, comme le fait voir la figure.

Le petit spécimen dessiné même planche, fig. 12 et 13, vient de la colline de Narcel, dépendant aussi de Saint-Fortunat; la forme générale est bien conservée et paraît ici un peu plus allongée.

Cette *Pinna* se trouve encore dans l'*Ardèche* et dans le *Gard*.

Localité : Saint-Fortunat, Narcel, Veyras, Gammal.

Pinna crumenilla. Nov. Spec.

(Pl. III, fig. 14.)

Tenâ brevi, ovato-acutâ, compressâ, sulcis exilibus, inœqua-libus, disjunctis concentricè adornatâ.

Dimensions : longueur 28 millim., largeur 21, épaisseur 7 millim.

Très-petite coquille, large et comprimée : les côtés, à partir du sommet, forment un angle de 70° et descendent par une ligne à peu près droite jusqu'à la moitié de la longueur; là, la coquille, arrivée à sa plus grande largeur, s'arrondit en formant une demi-circonférence un peu allongée verticalement : sur tout le contour inférieur, arrondi, les valves se touchent et la coquille est presque coupante. — Les valves sont marquées de quelques lignes très-grêles qui suivent irrégulièrement le contour extérieur, imitant assez bien les ornements de l'*Inoceramus cinctus* (Goldfuss) du lias supérieur, mais d'une manière moins marquée. Il n'y a aucune trace de sillon médian longi-

tudinal, et la coquille n'a pas l'apparence d'une *Pinna;* sa très-
petite taille est loin, d'ailleurs, de rappeler ce genre, puisqu'elle
est adulte à la longueur de 3 centimètres au plus. Mais, à l'aide
de la loupe, l'on distingue parfaitement le test fibreux, à épais-
seurs inégales, qui caractérise les *Pinna.* Elle paraît caractéristique de la zone.

Localité : Abondante à Gammal où elle se présente toujours de la même taille. — Elle est, au contraire, très-rare
partout ailleurs.

Explication des figures : Pl. III, fig, 14, coquille de Gammal, de grandeur naturelle. De ma collection.

Mytillus hillanus (Sowerby non Goldfuss).

(Pl. XIV, fig. 7 et 8.)

1821. Sowerby. *Modiola hillana, Miner. conch.* Tome III, page 21,
pl. 212, fig. 2.

Dimensions : longueur 20 millim. largeur 9 millim. 1/2,
épaisseur 8 millim.

Le Mytilus de l'Ardèche, dont je donne le dessin grossi deux
fois, a bien la forme de la coquille du lias que décrit Sowerby,
sous le nom de *Modiola hillana,* quoique plus petit. Il n'est pas
très-rare à Veyras et à Flacher. La figure que donne Goldfuss du
Mytilus hillanus, Petrefakten , pl. 130, fig. 8, est fort différente
et représente sûrement une autre espèce.

Localité : Poleymieux, Chaylard, Veyras, Flacher.

Explication des figures : Pl. XIV, fig. 7, coquille grossie
2 fois, de Flacher. Fig. 8, la même, vue de côté.

Mytilus scalprum (Goldfuss).

(Pl. VII, fig. 15 et 16.)

Goldfuss. Petrefakt., pl. 130, fig. 9

Dimensions : longueur 34 millim., largeur 13 millim., épaisseur 11 1/2.

Ce Mytilus, que nous retrouverons dans la zone supérieure, se rencontre rarement au niveau de l'*Ammonites planorbis*. L'échantillon dessiné ici vient de Gammal, où cette espèce est infiniment plus rare que le *Mytilus Stoppanii*; la forme est très-semblable à celle du *M.* de Goldfuss, quoique un peu moins allongée, la coquille dans son ensemble est fortement arquée, les stries fines, régulières, et un peu groupées en faisceaux.

Je l'ai recueilli dans les marnes inférieures, à Narcel et à la Croix du Saule comme dans l'Ardèche.

Localité : Narcel, Croix du Saule, Flacher, Gammal. *r.*

Explication des figures : Pl. VII, fig. 16, Mytilus de Gammal, grandeur naturelle. Fig. 15, le même, vu par côté.

Mytilus Stopanii. Nov. Sp.

(Pl. V, fig. 1, 2, 3. 4.)

Testâ ovatâ, elongatâ, compressâ, rectè carinatâ, subtilissimè striatâ, margine toto pœnè ambitu acuto, umbonibus subacutis, terminalibus.

Dimensions : longueur 30 à 45 millim., largeur 15 à 20 mil., épaisseur 9 à 14 millim.

Coquille ovale, comprimée, crochets terminaux, petits, un peu aigus; bord cardinal droit et prolongé en saillie coupante au tiers tout au plus de la longueur. L'arête dorsale obtuse, mais forte, n'est presque pas oblique et descend verticalement sur le bord palléal, qui est en pointe arrondie, en suivant le milieu de la coquille. — Les deux côtés sont arrondis en courbe régulière; les deux valves se rencontrent sous un angle assez aigu sur tout le pourtour; il en résulte que la coquille, dans son ensemble, présente la forme d'une amande allongée, le test est brillant et presque toujours bien conservé quoique fort mince; les stries fines et bien marquées ont une tendance à se grouper par petites masses; la plus grande épaisseur est près des crochets.

Ce Mytilus est une des coquilles les plus importantes et les plus caractéristiques de la partie inférieure de l'infrà-lias, dans le bassin du Rhône; il se rencontre sur plusieurs points en nombre immense, et très-bien conservé, toujours accompagné de l'*Ostrea sublamellosa*.

M. l'abbé Stoppani donne le dessin (1) d'un mytilus de l'*Azzarola* et du *Val-Taleggio*, qui représente sans aucun doute notre *Mytilus* de *Gammal*, etc., et qu'il réunit au *Mytilus psilonoti* (Quenstedt, der Jura, pl. 4, fig. 14) par une erreur évidente. La forme ne s'accorde pas mieux avec celle de la *Modiola psilonoti* (Quenstedt), figurée sur la même planche, fig. 13. — Le contour arrondi des deux côtés de la coquille, forme si inusitée dans ce genre, me fait regarder comme certain que le mytilus de l'Azzarola est identique à notre espèce du bassin du Rhône; la seule légère différence consiste en ce qu'il est un peu plus arrondi du côtés des crochets : quoi qu'il en soit, notre espèce n'est pas le *M. psilonoti* (Quenstedt), et puisqu'il ne peut pas porter ce nom, je suis très-heureux de le dédier à M. l'abbé Stoppani. Ses bords amincis et arrondis des deux côtés, son aspect lancéolé, sa forme comprimée ne permettent pas de confondre cette belle espèce avec aucun autre mytilus.

Localité : Narcel, Poleymieux, Cogny, Veyras, Gammal, Chaylard. *cc.*

Explication des figures : Pl. V, fig. 1, Mytilus Stoppanii de Gammal, grandeur naturelle. Fig. 2, le même, vu de côté. Fig. 3, même coquille du Chaylard. Fig. 4, le même, vu par côté.

_____

(1) *Paléontologie lombarde.* —[Fossiles de l'Azzarola, page 64.— Pl. 10, fig. 1 à 5.

Mytilus Dalmasi. Nov. Sp

(Pl. XIV, fig. 5 et 6.)

Testâ ovatâ, latissimâ, compressâ, rectè-carinatâ, concentricè rugoso-striatâ, valvis acuto sub angulo ubique convenientibus, margine buccali vel anali rectis, umbone acuto, terminali.

Dimensions : longueur 48 à 50 millim., largeur 27 millim., épaisseur 13 millim.

Coquille courte, ovale, large, très-comprimée, ornée de stries concentriques aiguës, un peu groupées par faisceaux, crochets petits, terminaux, acuminés : le bord cardinal droit occupe le tiers de la longueur totale : une carène bien marquée descend perpendiculairement en s'atténuant un peu, et laisse les trois cinquièmes de la surface de la valve du côté anal : les valves se rencontrent sur tout le contour de la coquille, en formant un angle aigu et coupant : les deux côtés presque droits, doucement arrondis. De très-légères rides horizontales se remarquent à droite de la carène, du côté anal, mais seulement dans la moitié supérieure de la coquille. Contour de la partie inférieure......

Ce beau mytilus est très-rare, et je n'ai pu en recueillir qu'un seul échantillon à Veyras, mais il est d'une conservation parfaite. — Malheureusement il est brisé sur la région palléale, ce qui nous empêche de connaître exactement la longueur de la coquille. Il a une grande analogie avec le *M. Stoppanii*, et devra peut-être lui être réuni ; cependant la différence considérable de la largeur relative, le parallélisme des côtés et surtout du plan des deux valves, enfin les rides transversales, me paraissent pouvoir justifier l'établissement de l'espèce. L'échantillon ne présente nulle trace d'écrasement qui aurait pu en modifier la forme.

Localité : Veyras. *r.*

Explication des figures : Pl. XIV fig. 5, coquille de Veyras, de grandeur naturelle. Fig. 6, la même, vue par côté.

Pholadomya glabra (Agassiz).

Pl. V, fig. 7 et 8.)

1840. Agassiz. *Etudes sur les Myes*, page 69, planche 3, fig. 12 à 14.

Dimensions : longueur 40 millim. largeur 70 millim., épaisseur 33 millim.

Cette Pholadomye, qui n'est pas très-rare au Mont-d'Or, se rapporte bien à la figure citée, d'*Agassiz.* — La forme cependant diffère un peu en ce que la nôtre est plus allongée; les côtes très-peu saillantes sont pourtant quelquefois assez visibles, et sur les échantillons dessinés, pl. V, fig. 7 et 8, on peut en compter 9 sur les crochets. — Nos spécimens sont fermés sur tous leurs contours d'une manière bien surprenante pour des Pholadomyes, surtout en arrière.

Localité : Narcel.

Explication des figures : Pl. V, fig. 7, Pholadomye, vue du côté des crochets, de Narcel. Fig. 8, un autre exemplaire, vu de face, du même gisement. De ma collection.

Pholadomya prima (Quenstedt).

(Pl. V. fig. 9 et 10.)

1858. Quenstedt. *Der Jura*, p. 49, pl. V, fig. 2.

Les échantillons que je rapporte à la *Pholadomya prima* diffèrent un peu de la figure donnée par *Quenstedt*, en ce que l'extrémité postérieure est plus largement relevée et arrondie par le bas, les côtes sont aussi un peu plus marquées vers les crochets. Cette jolie petite espèce est très-nombreuse dans les marnes inférieures de la *Barèze*, près de *Veyras*; elle est toujours de fort petite taille et elle atteint très-rarement les dimensions du spécimen dessiné sous le n° 10, pl. V. L'échantillon n° 9 n'a que **21** millim. de largeur, et il offre cependant tous les détails d'une vraie Pholadomye; la grande majorité des exemplaires mesurent de 23 à 25 millim.

Cette espèce a beaucoup de rapport avec la précédente, du Mont-d'Or, mais elle en diffère par son extrémité postérieure plus tronquée, par l'écartement prononcé des valves du même côté, et enfin par la taille, caractère qui ne manque pas d'une certaine importance ici, parce que le grand nombre d'exemplaires, tous de la même grandeur, indiquent que la coquille est adulte.

Explication des figures : Pl. V, fig. 9, Pholadomye de Veyras. Fig. 10, autre exemplaire du même gisement.

Localité : Veyras, la Barèze, très-commune ; Gammal. *r.*

Pholadomya avellana. Nov. Sp.

(Pl. VII, fig. 6. 7.)

Testâ rotundato-trigonâ, globosâ, parvissimâ, concentricè rugulosâ, longitudinaliter, 3-4. Costatâ, anticè truncatâ, posticè rotundatâ, umbonibus prominulis crassis.

Dimensions : longueur 14 millim., largeur 17 millim., épaisseur 11 millim.

Très-petite Pholadomye qui appartient à la division des parcicostées : globuleuse, côté antérieur court, tronqué, côté postérieur tronqué et fortement bâillant. Crochets petits, placés en avant; la région palléale est arrondie : on compte quatre côtes aiguës, un peu obliques; les rides concentriques à peine visibles, un peu plus marquées dans la région des crochets.

Cette pholadomye ressemble beaucoup, en très-petit, à certains exemplaires de la *Pholadomya parcicosta* (Agassiz), de l'étage oxfordien. Comme j'en ai recueilli plusieurs exemplaires toujours très-petits et dans des localités différentes, et comme je ne connais pas, à ce niveau, de pholadomyes de taille ordinaire dont la forme pourrait autoriser l'opinion que nous avons affaire à des jeunes, il me paraît très-probable que ces très-petites coquilles sont adultes et méritent, vu l'énorme différence de taille et de position, de former une espèce nouvelle.

Localité : Recueillie par moi à Gammal et au Chaylard. *r.*

Explication des figures : Pl. VII, fig. 6, Pholadomya de Gammal du côté antérieur, de grandeur naturelle. Fig. 7, la même, vue en face.

Goniomya Gammalensis. Nov. Sp.

(Pl. VII, fig. 8 et 9.)

Testâ elongatâ, cylindratâ, carinatâ, latere anali elongato, latere buccali pœnè nullo, umbonibus distinctis, crassis, antice ferè positis, transversim rugis reflexis signatâ.

Dimensions : longueur 10 millim., largeur 22 millim., épaisseur 10 millim.

Petite coquille équivalve, une des plus inéquilatérales, aussi épaisse que longue, ce qui lui donne une forme cylindrique et la fait ressembler un peu à une olive. Crochets peu saillants et cependant très-distincts, posés d'une manière très-excentrique, laissant à peine un huitième de la coquille du côté antérieur : une carène bien marquée descend très-obliquement, mais sans inflexion du crochet au côté postérieur : 12 à 14 plis horizontaux se comptent du sommet des valves en devenant toujours plus larges et moins saillants. Ces plis, en arrivant à la carène, tournent brusquement en arrière en formant un angle plus petit qu'un droit; du côté antérieur, ces plis se relèvent un peu, prennent une allure indécise, embrouillée, et, au lieu de continuer directement, d'autres plis paraissent recouvrir l'extrémité des plis horizontaux et les croiser sous un angle très-obtus.

Je n'ai que deux échantillons de cette curieuse coquille, mais ils s'accordent bien pour la taille et pour la forme qui est tellement déprimée que l'on serait tenté de l'attribuer à une déformation accidentelle. La charnière semble se prolonger en ligne droite, comme celle d'une avicule.

Localité : Gammal. r.

Explication des figures : Pl. VII, fig. 8. Goniomya de Gammal, vue du côté des crochets. Fig. 9. la même. vue de face. De ma collection.

Lyonsia socialis. Nov. Sp.

(Planche VIII, fig. 1.)

Testâ ovatâ, globosâ, inornatâ, sulcis obsoletis distantibus vix signatâ, umbonibus quadratis, antice positis : margine rotundatâ.

Dimensions : longueur 25 millim., largeur 40 millim.

Coquille très-inéquilatérale, régulièrement convexe, unie, crochets carrés, bas, placés aux trois quarts de la longueur, du côté antérieur; bord palléal arrondi, côté antérieur plus ou moins tronqué : on remarque des traces de quatre ou cinq gros sillons concentriques irréguliers, et sur quelques exemplaires des indices de stries rayonnantes.

Cette coquille, dont je n'ai jamais pu voir d'échantillons libres, se trouve toujours engagée sur les plaquettes de calcaire marneux de la lumachelle avec les *ostrea sublamellosa* et le *pecten pollux*, j'en donne cependant le dessin, parce qu'elle joue un rôle assez important dans la faune de ce niveau ; souvent on en compte un grand nombre de valves sur les mêmes plaques, dans toutes les régions du bassin du Rhône, et il est rare d'aborder les couches marneuses inférieures, sans en trouver des débris. — En Bourgogne, elle se rencontre dans la même position, toujours aussi en colonies nombreuses, et j'en ai recueilli des échantillons, un peu plus grands que celui figuré dans ma planche VIII, fig. 1. Dans les lumachelles, près de *Semur* (Côte-d'Or), route de *Montbar*.

Elle se retrouve en Allemagne dans les mêmes couches. — L'on peut voir dans le 1er volume *Palæontographica*, planche 37, fig. 8 et 9, une coquille très-semblable que donne *Dunker*. — Sous le nom de *Lyonsia* ?

Elle a quelque ressemblance avec la *Pleuromya crassa* (Agassiz); mais chez notre coquille, le côté antérieur tombe presque en ligne droite du crochet et ne présente pas la forme sinueuse que l'on remarque ordinairement chez les *Pleuromya*.

Localité : Narcel, Poleymieux, Veyras, Vinezac.

Explication des figures : Pl. VIII, fig. 1, coquille de Vinezac, sur une plaque calcaire, grandeur naturelle. De ma collection.

Pleuromya.....

(Planche VIII, fig. 2.)

Dimensions : longueur 27 millim., largeur 48 millim., épaisseur 18 millim.

Cette coquille ne peut s'accorder par sa forme avec aucune des pleuromyes déjà décrite; mais comme je n'en ai qu'un seul exemplaire, je crois qu'il est prudent d'attendre pour la nommer qu'elle soit mieux connue. Mon échantillon est un moule calcaire fort bien conservé. — Son contour est une ellipse allongée régulière, si l'on fait abstraction de la saillie des crochets qui sont petits, très-bien limités et placés de manière à laisser trois dixièmes de la coquille du côté antérieur. On remarque quelques faibles traces de sillons concentriques : sur chaque valve un petit sillon, bien marqué (omis par le dessinateur), descend en droite ligne obliquement en dehors du crochet, du côté antérieur, faisant ainsi connaître la présence d'une lamelle saillante à l'intérieur des valves ; le côté postérieur offre un contour moins ouvert que le côté antérieur.

Localité : Narcel. rr.

Description des figures : Pl. VIII, fig. 2, Pleuromya... de Narcel. grandeur naturelle. De ma collection.

Corbula Ludovicæ (Terquem).

(Pl. VII, fig. 18, 19, 20, 21.)
(Pl. XI, fig. 3 à 13.)

1855. Terquem. *Paléontologie de la province du Luxembourg*, page 283, pl. XVIII, fig. 15.

Dimensions : les plus grands échantillons, longueur 33 millim., largeur 46 millim., épaisseur 18 millim.

Coquille inéquilatérale, inéquivalve, semi-globuleuse, irrégulière, variable dans son contour, son épaisseur et la position des crochets. — Renflée généralement, la coquille s'amincit en arrivant sur le bord palléal où les valves se rencontrent sous un angle aigu. Le bord cardinal s'abaisse par une courbe adoucie du côté antérieur, mais du côté anal se prolonge en ligne droite sur une longueur de 6 à 8 millim. La coquille est partout rigoureusement fermée. — La valve gauche, toujours beaucoup plus renflée que la droite, a son crochet moins excentrique. — La valve droite est moins bombée et toujours notablement déprimée du côté anal. — Son crochet est toujours plus rapproché du côté buccal et un peu moins gros que celui de l'autre valve. — Il en résulte que les crochets ne sont jamais en face l'un de l'autre. Le contour palléal est souvent recourbé comme si la valve gauche embrassait la valve droite.

Les échantillons sont toujours dépourvus de leur test qui devait être fort mince : la coquille paraît lisse ; l'impression palléale, marquée sur les moules par un cordon irrégulier, forme une légère saillie qui suit les contours de la valve à 4 millim. du bord, et qui s'en écarte un peu plus en arrivant dans la région postérieure.

Les crochets, placés ordinairement vers le tiers antérieur, sont quelquefois bien plus rapprochés du côté buccal; la figure 19 de la pl. VII, représente un échantillon qui offre sous ce rapport des formes extrêmes ; les exemplaires semblables sont fort rares.

Je n'ai jamais pu étudier la charnière de cette coquille, malgré le nombre immense d'échantillons que j'ai eus entre les mains ; je n'ai par conséquent aucune raison pour ne pas adopter le nom donné par M. Terquem à une bivalve tout à fait semblable. On peut objecter que la coquille de la Moselle a les crochets placés régulièrement. M. Terquem dit qu'elle est subéquilatérale, et la figure qu'il en donne correspond à sa description ; [mais je remarque que dans les exemplaires jeunes, comme paraissent l'être ceux d'*Hettange*, la coquille est plus symétrique, et d'ailleurs la figure donnée par M. Terquem représente celle des deux valves dont le crochet est toujours plus rapproché du centre. — Une objection plus forte serait celle qui porterait sur le contour extérieur : dans la coquille d'*Hettange*, le bord antérieur paraît plus largement arrondi que le côté postérieur, tandis que toutes nos coquilles, sans exception, montrent une forme inverse et le côté antérieur est plus étroit. — Ces raisons me paraissent d'un grand poids, et j'ai été sur le point de considérer notre coquille comme nouvelle. — Si cette opinion prévalait, on pourrait lui donner le nom du savant géologue auquel nous devons tant de précieux travaux, et l'appeler *Corbula Terquemi*.

La *Corbula Ludovicæ* est un des fossiles les plus importants et les plus caractéristiques des couches à *ammonites planorbis*: on la trouve en nombre considérable dans le Rhône, l'Ardèche et le Gard, sur une foule de points, et souvent c'est de beaucoup le fossile le plus abondant. — Mais c'est surtout avec la *Cypricardia porrecta* qu'elle paraît de préférence associée dans les mêmes gisements. Son allure irrégulière, si tranchée, permet de la reconnaître même quand elle est mal conservée. — En dehors du bassin du Rhône, je l'ai retrouvée à *Liernais*, près de *Saulieu* (Côte-d'Or).

Localité : Narcel, Cogny, Croix du Saule, Veyras, mais surtout à Gammal et au Chaylard où se rencontrent les plus beaux échantillons.

Explication des figures : Pl. VII, fig. 18, exemplaire jeune de Narcel. Fig. 19, forme extrême de Gammal. Fig. 20, la même, vue par le bord palléal. Fig. 21, la même, vue du côté antérieur.

Pl. XI, fig. 5, 6, 7, exemplaire de Gammal sous trois positions différentes. Fig. 8, 9, 10, 11, exemplaire du Chaylard. Fig. 12 et 13, autre exemplaire du Chaylard. Toutes ces coquilles de grandeur naturelle. De ma collection. *cc.*

Gervillia obliqua (Martin).

(Pl. V, fig. 11 et 12.)

1860. J. Martin. *Paléontologie stratig. de l'infrà-lias*, p. 88, pl. VI, fig. 12 et 13.

Dimensions : longueur 40 millim., largeur 18 millim., épaisseur 9 millim.

Coquille allongée, obliquement ovale, renflée uniformément à partir du crochet, couverte partout de stries concentriques grosses, régulières et peu profondes : l'oreille postérieure, très-grande, porte des stries plus fines et dirigées en sens inverse, comme l'indique la figure 11. D'après cet échantillon, qui est bivalve, l'impression palléale est profonde et bien visible sur la valve droite qui est en partie découverte, laissant voir sa surface intérieure. La figure que donne M. Martin s'accorde assez bien avec mes échantillons. Si le fossile de la Côte-d'Or paraît plus élancé, il faut remarquer qu'il est dépourvu de son test, ce qui, dans une coquille peu renflée, doit avoir une influence sur la forme.

Localité : Narcel, Veyras. r.

Explication des figures : Pl. V, fig. 11, échantillon de Narcel, de grandeur naturelle. Fig. 12, même coquille de Veyras. r. De ma collection.

Gervillia.....

(Pl. V, fig. 5 et 6.)

Dimensions : longueur 12 millim., largeur 6 millim. 1/2, épaisseur 4 millim.

Cette petite coquille a été recueillie au mont Narcel dans les marnes inférieures; elle est fort rare et je n'en ai trouvé qu'un seul échantillon. Les valves paraissent lisses, la charnière des plus obliques; la forme en poire, étranglée près des crochets, est singulière; peut-être est-ce une *avicula*. Il faut attendre des échantillons plus nombreux et meilleurs : je ne la donne que comme renseignement.

Localité : Narcel. rr.

Explication des figures : Pl. V, fig. 5, coquille de Narcel, de grandeur naturelle. Fig. 6, la même, vue de côté.

Lima valoniensis (Defrance, Sp.).

Pl. VI, fig. 8, 9, 10.

1825. *Mémoire géologique sur les terrains de la Normandie*, par

M. de Caumont. — Dans les *Mémoires de la Soc. linn. de Normandie*, p. 507 — *Atlas*, pl. 22, fig. 7.

1850. Lima Gueuxii : D'Orbigny, *Prodrome*, *sinémurien*, n° 120.

Dimensions : longueur 66 millim., largeur 80 millim., épaisseur 35 millim.

Coquille ovale, arrondie, un peu comprimée, brillante, ornée partout de lignes rayonnantes, finement ponctuées et laissant entre elles des intervalles larges comme deux ou trois fois elles-mêmes. — Ces lignes, simples et rectilignes dans le jeune âge, après le diamètre de 30 millim. changent souvent de direction à chaque sillon ou gradin formé par les lignes d'accroissement. — Quelquefois, mais rarement, on voit une ligne prendre naissance entre deux autres en approchant de la région palléale : la région antérieure est tronquée sur les deux tiers de la longueur, légèrement excavée surtout près des crochets, et garnie dans cette troncature de lignes ou plis plus coupants et plus profonds. — La carène qui limite la dépression antérieure est très-nette sans être aiguë : la région postérieure s'élève en s'arrondissant depuis les crochets qui sont aigus : toute la valve est régulièrement bombée sans inflexion aucune, comme le serait un segment d'une sphère à grand rayon.

Oreillette nulle du côté buccal : très-large sans être haute du côté anal et se reliant sans ressaut marqué au reste de la valve dont elle est la continuation et dont elle porte les ornements. Les lignes ponctuées deviennent des sillons coupants, profonds et un peu plus larges en approchant de la région buccale.

L'entaille qui recevait le ligament est petite mais profonde. — La coquille est très-légèrement bâillante du côté antérieur : partout ailleurs les valves se rencontrent sous un angle très-aigu et offrent un contour coupant.

On a donné souvent à cette *Lima* le nom de *Lima punctata* (Sowerby) (1), mais celle-ci a deux oreilles presque égales, très-

_____

(1) *Mineral conchology*, pl. 113, fig 1 et 2.

visibles sur le dessin, et Sowerby dit dans le texte : « ears nearly equal. » La *Lima valoniensis* n'en a qu'une seule, et la forme de la seule qui existe n'est pas la même. Notre coquille est beaucoup plus large, les crochets moins ronds, plus aigus, plus comprimés. — Les lignes ponctuées y sont bien moins nombreuses et plus distinctes, de plus toujours également visibles sur toute la surface ; la carène qui limite la face antérieure est beaucoup plus arrondie dans le *plagiostoma punctata* ; celui-ci, enfin, caractérise un étage plus élevé, le lias inférieur et le lias moyen où il est très-abondant. En comparant deux échantillons bien conservés de la même taille, toutes les différences signalées se voient d'une manière évidente, et l'ensemble de la *L. valoniensis* a un faciès particulier qu'il est impossible de méconnaître.

Le *Plagiostoma punctatum* (Zieten) (1), est encore plus éloigné de notre type, l'épaisseur en est bien plus considérable, les crochets plus ronds, la forme moins largement arrondie, c'est encore là, à n'en pas douter, la *Lima* du lias inférieur et moyen.

Le *Plagiostoma semilunare* (Lamark), dont Zieten donne le dessin, pl. 50, fig. 4, n'a bien qu'une oreille comme la *L. valoniensis*, et les ornements diffèrent peu ; mais la forme de la coquille, de la carène latérale et des crochets rend tout rapprochement impossible.

Il est évident que Defrance, dans le mémoire indiqué de M. de Caumont, a nommé la coquille qui nous occupe, et quoique la figure qui la représente soit des plus mauvaises, de plus qu'elle ne soit accompagnée d'aucune description ; comme il n'y a qu'une *Lima* ponctuée qui accompagne dans les carrières de Valognes le *pecten valoniensis*, que de plus cette *Lima* de Valognes est bien identique à celle qui se trouve partout au même niveau dans le bassin du Rhône, nous n'hésitons pas à adopter le nom donné depuis bientôt 40 ans à cet intéressant fossile.

Les géologues me pardonneront les détails un peu longs, que

---

(2) *Würtembergs Versteinerungen*, pl. LI, fig. 3.

je donne sur la *Lima valoniensis*, en considération du rôle si important qu'elle joue dans nos contrées pour caractériser la partie inférieure de la zone à *Ammonites planorbis*. Partout où les marnes inférieures de cette zone sont à découvert, la L. valoniensis se rencontre à profusion et de toutes les tailles, sans jamais montrer la moindre déviation dans ses caractères spécifiques : c'est une des coquilles les plus constantes et les plus sûres de cet horizon, après la *plicatula intus-striata*, dont les exemplaires couvrent ordinairement ses valves.

Lacalité : Partout. *cc.* Les gisements de Gammal, Veyras, le Chaylard, fournissent des échantillons bivalves fort beaux.

Explication des figures : Pl. VI, fig. 8, Lima de Gammal , grandeur naturelle. Fig. 9, la même, vue du côté des crochets. Fig. 10, un morceau du test grossi deux fois.

Lima tuberculata (Terquem).

(Planche VIII, fig. 3, 4, 5.)

1855. Terquem. *Paléont. de la province de Luxembourg*, page 321, pl. XXIII, fig. 3.

Nos échantillons sont assez conformes à la figure donnée par M. Terquem , mais le nombre des côtes est un peu moindre, il n'est que de dix sur chaque valve, et ces côtes sont un peu plus tuberculeuses ; peut-être cela tient-il aux différents états de conservation. Les deux valves paraissent semblables, les oreilles sont rudement sculptées sur la région cardinale et sur le pourtour du canal qui donne passage au *byssus*.

Quoique la *Lima tuberculata* ne se trouve, dans le bassin du Rhône, que dans la zone à *Ammonites planorbis*, il paraît qu'elle se rencontre ailleurs dans la zone supérieure de l'infrà-lias : M. Terquem la décrit des grès d'Hettange et en même temps des couches à gryphées arquées de Valière-les-Metz. Moi-même je l'ai trouvée très-abondante en Belgique, à *Ober-Pallen*, près d'*Arlon*, dans les couches à cardinies qui sont immédiatement sous les gryphées.

Il y a dans le lias supérieur une *Lima* noduleuse à 10 côtes, qui, je crois, ne peut pas être séparée de la *L. nodulosa.*— C'est la *Lima elea* de d'Orbigny. — *Prodrome, toarcien*, n° 224. Elle se trouve dans le minerai de fer de la Verpillière (Isère), comme nous le verrons plus tard. J'en ai recueilli de fort beaux spécimens bivalves, à Thouars même. Ce type de *lima*, à 10 grosses côtes tuberculeuses, appartiendrait, par conséquent, à ce groupe peu nombreux de fossiles qui, comme le *Pecten textorius* et la *Lima duplicata*, se perpétuent sans modifications sensibles, à travers toutes les zones du lias et même du jurassique inférieur. — La *Lima tuberculata* est donc un des fossiles les moins caractéristiques.

Localité : Saint-Quentin, Saint-Cyr, Aubenas , Veyras , Gammal.

Explication des figures : Pl. VIII, fig. 3, Lima tuberculata. échantillon bivalve de Veyras, de grandeur naturelle. Fig. 4, le même, vu par côté. Fig. 5, le même, vu par la région palléale. De ma collection.

Lima nodulosa (Terquem).

(Planche VIII, fig. 6, 7, 8.)

1855. Terquem. *Paléont. de la province de Luxembourg*, page 322, pl. XXII, fig. 3.

Cette lima, par sa forme et la richesse de sa livrée, ne peut être confondue avec aucune autre. — Chaque grosse côte est séparée par un groupe de deux ou trois plus petites, et dans ce groupe, celle du milieu est toujours un peu plus saillante. La *Lima* d'*Hettange* n'a qu'une seule petite côte entre les grandes, d'après la figure de M. Terquem, et c'est là l'unique différence qui la sépare de la nôtre ; différence qui ne peut pas autoriser la formation d'une espèce nouvelle ; la taille, la forme sont à peu près les mêmes de part et d'autre. Le bel échantillon que j'ai fait dessiner, pl. VIII, vient de la collection du frère Euthyme, de la maison des Frères maristes de Saint-Genis-Laval, qui l'a recueillie à Mercruer. On remarquera que les deux valves sont très-semblables.

Localité : Mercruer, Veyras. *r*.

Explication des figures : Pl. VIII, fig. 6, Lima de Mercruer, de grandeur naturelle. Fig. 7, vue de l'autre valve. Fig. 8, la même, vue par côté. De la collection des Frères maristes.

Lima duplicata (Sowerby, Sp.).

1829. Sowerby. *Plagiostoma duplicata*. Minéral Conch., vol. VI, pl. 559, fig. 3.

Ce type, que l'on retrouve à peu près dans toutes les assises du jurassique inférieur, commence à se montrer dans la zone à *ammonites planorbis*. Dans le bassin du Rhône, la *lima duplicata* de ces couches inférieures a un faciès assez caractérisé, et je ne puis mieux faire pour l'indiquer que de renvoyer le lecteur à la figure de cette coquille donnée par MM. Chapuis et Dewalque, dans leur mémoire sur les terrains secondaires du Luxembourg. Cette figure, pl. XXX, fig. 3, représente exactement la Lima de nos contrées, aussi bien pour la forme et le nombre des plis que pour le détail de l'ornementation.

Localité : Narcel, Cogny, Gammal.

Pecten valoniensis (Defrance).

(Pl. IX, fig. 1 à 6. Pl. X, fig. 1, 2, 3.)

1825. Defrance. *Mémoires de M. de Caumont*, dans *Mémoire de la Soc. linn. du Calvados*, page 507. Atlas, planche 22, fig. 6.

Dimensions : longueur 42 millim., largeur 43 millim.,
épaisseur 11 millim.

Coquille arrondie, équilatérale, très-inéquivalve, un peu plus
large que longue, ordinairement. quand elle est adulte; angle apicial un peu plus grand que 90°. — La valve droite ou supérieure
est assez bombée; elle est ornée de 22 à 24 côtes principales, entre lesquelles se montrent çà et là d'autres côtes plus fines et qui
remontent pourtant jusque bien près du crochet : le tout est recouvert de fines stries concentriques, très-apparentes surtout dans
dans le fond des plis; quelquefois il n'y a pas de plis secondaires
et les principales côtes se groupent par deux : en somme, une assez grande irrégularité se remarque dans la disposition de ces
ornements, mais les fines stries transversales se voient toujours
quand le test est conservé. — J'ai des échantillons de la longueur
de 10 millim. où ce caractère est déjà très-nettement marqué; il
est à noter que les côtes rayonnantes ne finissent point, en diminuant de valeur ou de volume, à mesure qu'elles se rapprochent
du côté antérieur, comme dans beaucoup de *pecten* ou les dernières côtes ne sont plus que des plis insignifiants. — Chez le *P. valoniensis*, la dernière côte, du côté antérieur, est toujours la plus
grosse et la plus saillante de toutes (voir les figures 1 et 2 ,
pl. IX); en dehors de cette côte la coquille présente une *area*
couverte de petites stries transverses fort élégantes , *area* qui
se reproduit du côté postérieur, au dessous de l'oreille, mais avec
un moindre développement. Oreilles assez grandes , horizontales,
semblables, ornées de plusieurs côtes transverses ; le crochet dépasse de très-peu la ligne cardinale.

La valve gauche, ou inférieure, est tout à fait plane et porte les
mêmes ornements que l'autre, seulement l'insertion d'une petite
côte entre deux grosses y est beaucoup plus rare et la disposition
par deux plus ordinaire. L'oreille antérieure ressemble à celle de
la valve droite. — Celle postérieure est fortement échancrée pour
le passage du byssus et laisse voir trois ou quatre lignes rayonnantes. Les oreilles de cette valve sont abaissées fortement sur un

plan autre que celui de la valve même et brusquement séparées ,
par un ressaut, de la surface de la coquille, tout en restant sur
un plan parallèle à celle-ci.

Les bords de la coquille onduleux. Le relief des côtes paraît en
creux sur la surface intérieure des valves, comme on peut voir à
la fig. 4, pl. IX, qui représente une valve plane du *P. valoniensis*,
vue du côté intérieur.

Le *P. valoniensis*, tout en ayant une valve bombée et une valve
plane comme les *Janira*, ne pourrait cependant pas être rangé
dans cette subdivision, car la disposition des valves est ici complétement inverse : chez le *P. valoniensis*, c'est la valve inférieure gauche et portant l'échancrure du byssus, qui est plane ;
chez les *Janira*, c'est au contraire cette valve inférieure et échancrée qui est bombée, et réciproquement.

Le *P. valoniensis* a été nommé et figuré (d'une manière insuffisante, il est vrai), dans un mémoire de M. de Caumont, qui parut
en 1825, dans les mémoires de la Société linnéenne du Calvados.
— Il a été depuis bien souvent mentionné. M. Leymerie, dans son
mémoire sur la partie inférieure du système secondaire du département du Rhône, inséré dans les mémoires de la Société géologique de France, 1re série, tome 3, figure ce même *pecten* du
Mont-d'Or lyonnais (pl. 24 , fig. 5.), et lui donne le nom de
Pecten lugdunensis, en disant qu'il se rapproche beaucoup du
P. valoniensis. Nous sommes forcés d'abandonner ce nom de
P. lugdunensis, puisqu'il est hors de doute qu'il s'agit de la même
espèce. — La coquille de Valognes, comme on le verra par la
fig. 1 de ma planche IX, qui représente un grand exemplaire de
cette localité, est un peu plus grande, et les côtes intermédiaires
prennent dès lors un grand développement, mais c'est la seule
différence que l'on puisse signaler. Les stries transversales très-
fines, que M. Leymerie remarque dans le *P. valoniensis*, existent
tout aussi bien marquées dans le nôtre; la forme générale, celle
des oreilles, les ornements accessoires, tout est identique.

M. de Caumont, dans son mémoire de 1825, désigne d'une manière remarquablement juste le niveau que doit occuper le *P. valo-*

niensis, ainsi que les couches de calcaire de *Valognes* qui le renferment, avec la *Lima valoniensis*; voici ce qu'il dit à la page 510, en parlant de ces couches :

« Les circonstances annoncent suffisamment une époque postérieure à la formation du *grès bigarré* et antérieure au *lias*, et que cette époque coïncide avec celle du *quadersandstein* qui sépare ordinairement le *muschelkak* du *lias*. »

Il est impossible de mieux assigner sa place à la zone inférieure de l'*infrà-lias*, et cela dès 1825, à une époque où l'on avait bien peu de notions précises sur les relations des couches jurassiques.

Le *Pecten valoniensis* est certainement de tous les *pecten* de cette zone l'espèce la plus généralement répandue, puisqu'on le signale dans toute la France, tantôt isolé, tantôt en familles nombreuses. — La localité, où il est le plus abondant, paraît être le Mont-d'Or lyonnais. — Là il remplit de ses débris une assise de calcaire compacte, sublamellaire, très-dur, et sur une épaisseur de plusieurs mètres. Ce calcaire, quoique fournissant des pierres excellentes, n'est pas exploité parce qu'il se trouve au milieu d'une contrée couverte d'autres carrières dont l'exploitation est moins coûteuse. Cependant depuis quelques années, pour la construction de la nouvelle église de *Saint-Didier*, on a repris les travaux dans une petite carrière à l'ouest de *Saint-Fortunat*, quartier du Mât, déjà signalée par M. Leymerie en 1838, on y voit le *P. valoniensis* qui forme là des colonies si nombreuses, qu'il exclut toute autre coquille (voir la petite coupe donnée page 19).

Le sommet de la colline de Narcel, au nord de cette carrière, offre des chances meilleures pour recueillir de bons échantillons, parce que les couches de calcaire y sont en affleurement, et que les débris, grâce à l'action des agents atmosphériques, fournissent souvent des valves de toutes les dimensions, et assez bien conservées.

Dans l'*Ardèche* et le *Gard*, le *Pecten valoniensis* se trouve partout; mais les autres *pecten*, dont nous allons parler dans les pages qui suivent, sont de beaucoup les plus nombreux et paraissent s'y être développés à son détriment. Les échantillons de

Veyras montrent des côtes un peu plus importantes et plus ai- guës en même temps, probablement parce que le test est mieux conservé ; les figures 2 et 3, planche X, représentent les deux valves d'un même exemplaire de *Veyras*.

D'après M. J. Martin, le *P. valoniensis* passerait en Bourgogne. dans les couches supérieures. — Ce passage n'existe jamais dans le bassin du Rhône, et ce pecten peut être considéré comme un des fossiles les plus caractéristiques de la zone à *ammonites pla- norbis*.

Localité : Saint-Fortunat, Narcel, Cogny, Burgy, Veyras, Gammal, Joyeuse, — signalé en dehors du bassin du Rhône, à *Semur* (Côte-d'Or), à *Valognes* (Manche), dans la vallée de la *Lech* (Vorarblerg), par *Escher de la Linth;* à Dalheim, près de Luxembourg, par le docteur Oppel, etc. *cc.*

Explication des figures : Pl. IX, fig .1, Pecten valoniensis. grand exemplaire de Valognes, grandeur naturelle. Fig. 2. le même de Narcel. Fig. 3, le même de Narcel, la valve plane. Fig. 4, le même de Narcel, valve plane, vue par de- dans. Fig. 5, fragment de valve plane, détails du test, grossi. Fig. 6, fragment d'un spécimen jeune, valve bombée, grossi 2 fois.

Pl. X, fig. 1, *Pecten valoniensis* bivalve, vue de profil, de grandeur naturelle de *Veyras*. Fig. 2 et 3, échantillon avec le test bien conservé, de Veyras, de grandeur naturelle.

Pecten Thiollierei (MARTIN).

(Pl. X, fig. 4, 5, 6, 7.)

1860. J. Martin. *Paléont. de l'infrà-lias de la Côte-d'Or,* page 89, pl. VI, fig. 21 à 23.

Dimensions : longueur 35 millim., largeur 36 millim., épaisseur 21 millim.

La grande quantité d'échantillons du *Pecten Thiollierei* que j'ai pu recueillir, me permet de compléter la description de quelques détails qui ont dû nécessairement échapper à notre savant collègue, M. Martin, qui n'avait à sa disposition, lors de la rédaction de son mémoire, que les premiers échantillons d'une espèce alors très-peu connue.

La coquille est ronde, globuleuse, équilatérale et parfaitement équivalve. — L'angle apicial à peu près droit : les grands spécimens ont 35 millim. de longueur, la largeur ne dépasse cette dimension que très-peu (l'échantillon envoyé à M. Martin était un peu déformé). L'épaisseur est un peu plus de 20 millim. Les côtes, au nombre de 20, sont séparées par des intervalles égaux à elles-mêmes et sont couvertes par des stries concentriques fines, serrées et profondes. Entre les dernières côtes et le bord, il existe de chaque côté, au-dessous des oreilles, une area couverte de lignes horizontales très-serrées et superficielles, qui arrivent sur le bord latéral perpendiculairement au plan de jonction des valves. Ce genre d'ornement (les stries horizontales placées sur les côtés) paraît être commun à tous les *pecten* de ce niveau, quelque disparates que soient la forme générale et les détails des côtes.

La valve gauche a deux oreilles égales, grandes, ornées de deux ou trois plis et de fines stries verticales : la valve droite a les mêmes oreilles, dont l'une est un peu échancrée en dessous pour le passage du byssus : je ne connais pas, du reste, de pecten plus rigoureusement équivalve.

A l'intérieur les valves portent des sillons peu profonds qui correspondent aux côtes, et elles sont fortement ondulées sur les bords qui se rejoignent en s'emboîtant exactement sur toute la demi-circonférence, régulièrement arrondie, de la région palléale. — Comme les échantillons, toujours bivalves, sont ordinairement dépourvus de leurs oreilles, ils ont alors beaucoup de ressemblance avec les exemplaires jeunes de la *Rhynchonella multicarinata* (Lamark), du néocomien de *Châtillon* (Drôme).

Ce pecten, répandu partout, sans être trop nombreux nulle

part, paraît caractéristique de la zone et jusqu'à présent spécial au bassin du Rhône. C'est une des coquilles les plus utiles pour guider le géologue, parce que le caractère bien marqué de ses ornements permet de reconnaître sa présence à l'aide du plus petit fragment.

Localité : Saint-Fortunat, Poleymieux (au hameau des Gambins), Saint-Germain, Dardilly, Cogny, Veyras, Vinezac, le Chaylard, Gammal, Balmettes.

Explication des figures : Pl. X, fig. 4, Pecten Thiollierei de Veyras, valve gauche de grandeur naturelle. Fig. 5, le même, valve droite. Fig. 6, le même, vu par côté. Fig. 7, grossissement au double d'une portion du test; le dessinateur n'a pas représenté les côtes assez saillantes. De ma collection.

Pecten Euthymei (Nov. sp.)

(Pl. X, fig. 8, 9, 10.)

Testâ suborbiculari, subfornicatâ, æquivalvi, costis 16. Æqualibus, elatis, subacutis, tuberculis præsertim ad latera signatis. sulcis minutis concentricè lineatis.

Dimensions : longueur et largeur 16 millim., épaisseur 6 millim., angle apicial droit.

Coquille arrondie un peu trigone, équilatérale, équivalve, moyennement comprimée, aussi longue que large, munie de 16 plis profonds, très-réguliers, anguleux, dont les trois premiers, de chaque côté de la valve, sont ornés sur le sommet de petits tubercules serrés : le tout est recouvert de fines stries concentriques médiocrement serrées, mais bien nettes. Aussitôt après le dernier pli ou côte, d'un côté comme de l'autre, la coquille s'abaisse perpendiculairement à la rencontre de l'autre valve, en formant une petite area couverte de lignes transverses guillochées : les deux valves se joignent, depuis les oreilles jusqu'à la réunion des premiers plis, en formant une fine ligne ondulée, caractère bien rarement signalé dans les *Pecten*.

Ce pecten ne peut pas être réuni au *P. æquiplicatus* (Terquem), avec lequel il n'est pas sans rapport : mais ce dernier n'a que 12 côtes, une des valves est dépourvue d'épines ou tubercules, et, d'ailleurs, la forme générale est tout autre, puisqu'il est inéquivalve, ayant une des valves comprimée.

Il diffère également beaucoup du *Pecten subpinosus* (Schlotheim), *Goldfuss petrefacta*, page 46, pl. XC, fig. 4 *a. b;* car celui-ci, bien plus bombé que le pecten de l'Ardèche, n'a que 12 côtes. — Ces côtes, d'ailleurs, ne paraissent pas droites, et les épines qui les couvrent toutes, même celles du milieu, sont bien moins rapprochées.

J'ai recueilli ce charmant petit *pecten* à *Veyras*, près du hameau de *Bescut* ; il ne paraît pas excessivement rare dans la contrée; il a été trouvé dans le même gisement par le frère Euthyme. — Cette coquille n'a pas été rencontrée encore dans les autres localités. — Elle paraît spéciale à la zone.

Localité : Veyras. *r*.

Explication des figures : Pl. X, fig. 8 et 9, *Pecten Euthymei*, grossi deux fois, de Veyras. Fig. 10, le même, vu de côté : grossi. De ma collection.

Pecten Pollux (D'ORBIGNY).

(Pl. X, fig. 11, 12. Pl. XI. fig. 1, 2, 3, 4.)

1850. D'Orbigny. *Prodrome.* — Etage sinémurien, n° 135.

Dimensions : longueur 50 millim., largeur 50 millim., épaisseur 15 millim. Angle apicial droit.

Coquille arrondie, comprimée, équilatérale, subéquivalve : la valve gauche un peu plus bombée porte 6 à 7 côtes principales,

étroites, très-saillantes, ornées de grosses pointes tubuleuses en
dents de scie, ouvertes en avant et s'élevant quelquefois à plus
de 5 millim. au dessus de la côte : entre ces côtes saillantes on
remarque de deux à quatre côtes plus petites, arrondies, couvertes de stries concentriques bien marquées, qui continuent
dans les sillons peu profonds qui les séparent : toutes les côtes remontent jusqu'au crochet, mais les épines ne commencent à se
montrer qu'à la distance de 6 à 7 millim. à partir de celui-ci, et
elles vont en augmentant d'importance jusqu'à la région palléale :
oreilles grandes, portant 3 plis obsolètes horizontaux, plus ou
moins obliques, recouverts de stries serrées, verticales, bien
marquées ; de chaque côté, sous les oreilles une area très-grande,
ornée de lignes horizontales un peu indécises, assez larges mais
peu marquées. Cette area est plus large et plus étendue du côté
postérieur, où elle est limitée par une des grosses côtes épineuses :
il est à remarquer que sur cette portion du contour, les valves ne
se rencontrent pas dans un même plan, comme dans le *Pecten
Euthymei*, mais sous un angle assez aigu.

La valve droite, un peu moins bombée, porte 10 à 12 grosses
côtes un peu moindres que celles de l'autre valve ; le nombre des
côtes secondaires intercalées varie de 1 à 3 : les ornements sont
les mêmes. — L'oreille, du côté buccal, porte une forte échancrure.

L'intérieur des valves montre en creux l'empreinte des côtes
grosses ou petites, et ce dessin, inverse des ornements extérieurs,
se continue depuis la région palléale jusqu'au crochet : la fig. 2,
pl. XI, représente l'intérieur d'une valve gauche où cette parti-
cularité est très-visible.

Quelquefois les oreilles sont surmontées, sur la région cardinale
de fortes épines qui paraissent la continuation de l'oreille même,
assez épaisse dans cette région, et qui s'élèvent irrégulièrement :
cette complication singulière des ornements est fort rare : l'échantillon figuré pl. XI, fig. 3, de Gammal, est le seul, parmi un très-
grand nombre, sur lequel j'ai pu observer le fait, avec un autre
tout à fait semblable, mais un peu plus petit, de *Veyras*.

Ce *Pecten*, qui n'a pas encore été figuré, est une des coquilles les plus remarquables et les plus caractéristiques de la zone, il se trouve toujours à la partie inférieure : il est surtout abondant dans les gisements de l'Ardèche et du 'Gard, mais on peut dire qu'il ne manque nulle part : il est assez répandu dans la partie de la Bourgogne qui touche au bassin du Rhône, et là il fournit des spécimens bien conservés. On le trouve à Pouilly et à Semur (Côte-d'Or), et ce sont ces localités qui ont fourni à d'Orbigny ses échantillons. Le *Pecten Pollux* ne paraît pas se trouver dans l'*infrà-lias* des autres contrées, du moins les nombreux travaux qui ont eu depuis quelque temps pour but l'étude de ces couches ne le signalent pas (1). — Ce fossile est d'autant plus important qu'il est spécial à la zone à *Ammonites planorbis* et ne passe pas dans l'infrà-lias supérieur ; de sorte que le plus petit fragment d'une des valves, grace à ses épines, peut devenir un guide précieux pour le géologue.

Localité : Narcel, Saint-Cyr, Dardilly, Cogny, Saint-Germain, Veyras, Gammal, le Chaylard.

Explication des figures : Pl. X, fig. 11, Pecten Pollux, valve droite, de Chaylard, de grandeur naturelle. Fig. 12, le même, valve gauche, de Gammal. Pl. XI, fig. 1, coquille bivalve du Chaylard, vue par côté. Fig. 2, intérieur de la valve gauche, de Saint-Fortunat. Fig. 3, fragment avec le sommet d'une valve et la charnière garnie d'épines, de Gammal. Fig. 4, détail du test : trois petites côtes secondaires, grossies deux fois, de Gammal. De ma collection.

---

(1) Depuis que ceci est écrit, j'ai acquis la certitude que le *Pecten Pollux* se rencontre dans le calcaire de Valognes avec le *Pecten valoniensis* et la *Lima valoniensis*. Les spécimens sont aussi grands que ceux du *Gard*. — Voilà donc une zone spéciale qui se retrouve indentique avec les mêmes fossiles, sur une étendue horizontale de plus de 800 kilomètres.

Pecten securis (Nov. sp.).

(Pl. VIII, fig. 9, 10, 11.)

Testâ orbiculari, depressâ, æquivalvi, radiatim irregulariter
striatâ, strüs confertis concentrice cancellatâ, valvis acutissi-
mo sub angulo convenientibus.

Dimensions : longueur $\begin{cases} 25 \text{ millim.} \\ 16 \quad » \end{cases}$ Largeur $\begin{cases} 25 \text{ millim.} \\ 16 \quad » \end{cases}$

Epaisseur $\begin{cases} 5 \text{ millim.} \\ 3 \quad » \end{cases}$ Angle apicial 94°.

Petite coquille équivalve, équilatérale, parfaitement arrondie
dans son contour, très-comprimée ; valve droite ornée d'un grand
nombre de fines côtes rectilignes, à peine visibles près du sommet, assez irrégulièrement espacées et recouvertes partout de stries
concentriques encore plus serrées ; oreilles inconnues : pourtant
on reconnaît qu'il y avait un byssus.

Valve gauche un peu différente dans les détails : les côtes
sont moins serrées et la moitié disparaît aux deux tiers de la
hauteur avant les crochets, on voit alternativement une côte qui
remonte jusqu'en haut et une côte un peu moins grosse qui ne
va quelquefois qu'à la moitié. — Avec une loupe on distingue
parfaitement des stries rayonnantes, tremblées, excessivement
fines, qui courent sur le fond entre toutes ces côtes : les stries
concentriques ne cheminent pas en droite ligne, mais elles s'élèvent ou s'abaissent alternativement à la rencontre des lignes verticales de manière à former de petites mailles fort élégantes qui
donnent à cette valve une surface comme guillochée. Une très-
petite area, striée en travers, se remarque sous les oreilles ; les
valves se rencontrent sous un angle des plus aigus, de sorte que
les deux valves réunies présentent un tranchant comme la lame
d'un couteau ou plutôt d'une petite hache.

Goldfuss donne (*Petrefacta*, page 45, pl. XC, fig. 1,) le dessin d'un pecten d'Amberg qu'il nomme *Pecten texturatus* et qui a quelques rapports avec le *P. securis;* cependant l'examen montre des différences spécifiques considérables : le *P. texturatus* est couvert de stries concentriques plus serrées et ses ornements le rapprochent beaucoup du *P. textorius*, il a par conséquent une tendance à se couvrir de petites aspérités épineuses, tandis que la surface du *Pecten securis* ne présente que des lignes entre-croisées; les lignes rayonnantes y sont beaucoup moins nombreuses, comparativement. De plus, l'angle apicial est beaucoup moins ouvert chez le *P. texturatus* qui, d'après le dessin de *Goldfuss*, paraît être un peu oblique, tandis que le nôtre est parfaitement équilatéral.

Le docteur Oppel signale (1) dans les grès du *bone-bed* des environs d'*Esslingen*, un *pecten* qui se rapproche beaucoup du *Pecten texturatus* (Goldfuss).

Localité : Mercruer, Clet, où il a été recueilli par le frère Euthyme, qui a bien voulu me le communiquer. *r.*

Explication des figures : Pl. VIII, fig. 9, Pecten de Mercruer, grossi deux fois. — Fig. 10, le même, vu de profil. Fig. 11, le même, de grandeur naturelle.

Pecten......

(Pl. XIV, fig. 4 et 11.)

Dimensions : longueur 36 millim., largeur 29 millim., épaisseur.....

Coquille allongée, arrondie, assez convexe, régulière, ornée de 9 à 11 grosses côtes saillantes qui paraissent chargées de plis

(1) Jahreshefte des Vereins für vaterlændische Naturkunde, 8°, Sttugart, 1856, Seite, 223,

transverses irréguliers. Les côtes s'élargissent un peu en descendant, mais elles n'augmentent pas en saillie, au contraire
elles vont en s'atténuant et disparaissent avant d'atteindre la
région palléale, et là, malgré le relief relativement considérable de ces côtes, le bord de la coquille reste uni et la commis-
sure des valves présente une ligne droite régulière : ce caractère que l'on retrouve rarement dans les coquilles bivalves, de
porter de grosses côtes qui ne modifient pas le contour palléal,
permet de reconnaître cette coquille sur de simples fragments.

Ce pecten remarquable, très-répandu dans l'infrà-lias inférieur du bassin du Rhône, ne m'a jamais offert que des valves
incomplètes engagées dans la roche par leur face extérieure, et
dont l'ornementation n'était indiquée que par la surface intérieure des valves. — Cette circonstance, en m'empêchant de pouvoir le décrire complétement, s'oppose à ce que je lui donne un
nom; il faudra attendre de meilleurs échantillons.

Par le nombre des côtes il se rapproche de la *Lima tuberculata*
qui se trouve avec lui dans les mêmes couches, mais cette dernière est toujours beaucoup plus grande, les lignes transverses
sur les côtes plus rudes et tuberculeuses. — D'ailleurs, la ligne
palléale est très-sinueuse dans la *L. tuberculata*.

Localité : Narcel, Veyras, Flacher; presque partout on en
trouve des fragments, surtout associés aux plicatules. *c.*

Explication des figures : Pl. XIV, fig. 4, Pecten de Flacher,
de grandeur naturelle, vu par l'intérieur. Fig. 11, fragment
d'une autre valve, de Narcel, également vue par l'intérieur.
De ma collection.

Hinnites velatus (Goldfuss, sp.).

(Pl. IV, fig, 1. 2. 3.)

1834. Goldfuss. *Petrefacta.* Page 45, pl. XC, fig. 2.

Si l'on considère la forme générale de la coquille et les ornements différents et spéciaux pour chaque valve, l'échantillon que nous avons sous les yeux paraît se rapporter exactement au type du *Pecten velatus* (Goldfuss); malheureusement toute la partie cardinale se trouve engagée dans un calcaire intraitable et ne peut pas servir à la détermination, mais la portion de la coquille dégagée de la roche me paraît laisser peu de doute.

On sait que le *H. velatus* se rencontre à plusieurs niveaux différents de la période jurassique, j'avoue cependant que sa présence dans la zone à *Ammonites planorbis* me surprend. Dans le bassin du Rhône l'*Hinnites velatus* se montre surtout dans la partie la plus élevée du lias, c'est-à-dire dans la zone à *Ammonites opalinus ;* là les spécimens sont nombreux et bien conservés : les beaux gisements de la *Verpillière* (Isère) et de *Saint-Romain* (Rhône) sont entre tous remarquables sous ce rapport, mais ce fossile est très-rare au dessous de cette zone, et je ne supposais pas pouvoir le rencontrer dans la partie de l'infrà-lias que nous étudions. — L'*Hinnites velatus* peut donc être mis dans le petit nombre de fossiles qui persistent pendant toute une grande période géologique au milieu de centaines de coquilles qui naissent et qui meurent, pour ne jamais reparaître, dans une zone spéciale d'un étage.

L'*H. velatus* paraît d'ailleurs fort peu commun au niveau de l'*Amm. planorbis*, et n'est encore connu que par un ou deux exemplaires. L'échantillon dont je donne le dessin a été recueilli à Gammal, par le frère Euthyme, dans les couches à *Pecten Pollux ;* il a très-bien conservé sa forme et il est bivalve, par malheur on ne voit rien de la charnière ni des oreilles.

Localité : Gammal. *r.*

Explication des figures : Pl. IV, fig. 1, *Hinnites velatus*, côté de la valve bombée, grandeur naturelle. Fig. 2, le même, côté de la valve plane. Fig. 3, le même, vu par la région palléale.

Harpax Spinosus (SOWERBY, sp.).

(Pl. XII, fig. 1, 2, 3, 8, 9.)

1821. Sowerby. *Mineral. Conchology*, pl. 245.

Dimensions : longueur 42 millim., largeur 35 millim.

Cette plicatule, que M. E. Deslonchamps a reportée dans le genre *Harpax* de *Parkinson*, est la plus abondante, après la *Plicatula intus-striata*, dans la zone à *Ammonites planorbis*. Les figures données par Sowerby sont loin de donner une idée exacte des mille formes variées qu'elle peut prendre, et je crois qu'une étude plus approfondie de ce type important amènera plus tard à lui assigner une place à part dans la nomenclature. En attendant, il semble difficile de le séparer de la coquille du lias moyen, décrite par Sowerby et tous les auteurs. Quelquefois les tubulures sont clair-semées et en séries verticales espacées entre elles. L'échantillon bivalve dessiné de trois côtés différents, pl. XII, fig. 1, 2, 3, peut donner une idée de cette variété; d'autres exemplaires sont couverts de pointes en forme de replis ou de petites tuiles, et disposés irrégulièrement en lignes concentriques. — Ces ornements ne sont jamais de véritables épines, mais des tubulures ou prolongements de la couche superficielle du test; les deux valves en sont également munies et diffèrent peu entre elles pour la forme. — La charnière ne me paraît pas se prolonger jamais en ligne droite, ce qui m'empêche de rapprocher notre *Harpax* de la *Plicatula ventricosa* (Münster in Goldfuss). — Les crochets forment une pointe arrondie : les valves ne sont jamais obliques et le contour de la coquille ne s'infléchit jamais à droite ou à gauche, comme cela arrive assez ordinairement aux plicatules. — La figure 8, pl. XII, montre un petit exemplaire du *Harpax spinosus*, vu par l'intérieur de la valve adhérente; les tubulures sont marquées en creux sur la surface de la coquille ; cette petite valve est placée sur la surface extérieure, épineuse, d'un exemplaire plus grand de la même espèce.

Localité : Mont-d'Or, Saint-Quentin, presque partout. *cc.*

Explication des figures : Pl. XII, fig. 1, Harpax de Narcel, coquille bivalve. Fig. 2, la même, vue par l'autre valve avec des coquilles adhérentes. Fig. 3, la même, vue de profil, de grandeur naturelle. Fig. 8 et 9, grands exemplaires de Cogny, grandeur naturelle. De ma collection.

Plicatula Hettangiensis (Terquem).

(Pl. XII, fig. 4, 5, 6, 7, 10.

Terquem. *Paléont. de la prov. de Luxemb.*, pag. 326, pl. XXIV, fig. 3 et 4.

Cette plicatule est à peu près aussi commune, dans le bassin du Rhône, que la *Harpax spinosus*. Les fig. 5 et 6, pl. XII, qui représentent les deux valves du même exemplaire, dont la fig. 7 donne le profil, font voir la différence dans l'ornementation d'une valve à l'autre. — Les stries épineuses sont quelquefois beaucoup plus serrées, comme on le voit par la figure 4 de la même planche. Cet échantillon (fig. 4) offre en même temps un curieux exemple de déviation du sommet dans le jeune âge, ou de changement de direction dans le grand axe de la coquille. — Il semble que cette déviation doive caractériser l'espèce, puisque M. Terquem, dit (page 327) : « Un fait assez remarquable, c'est « le contournement de la coquille, qui n'agit parfois que sur les « crochets seulement. »

Je dois ajouter qu'il y a des exemplaires qui paraissent réunir les caractères ci-dessus décrits et ceux de l'espèce précédente. — La coquille, depuis le sommet jusqu'aux 2/3 de la longueur, présente des côtes rayonnantes, épineuses, serrées, comme le spécimen figuré n° 4 ; puis tout à coup, dans le tiers inférieur, se termine par une zone couverte de très-grosses tubulures, dont une seule série verticale remplace deux ou même trois séries de la partie supérieure.

Localité : Partout. *c.*

Explication des figures : Pl. XII, fig. 4, *Plicatula Hettangiensis* de Cogny, grandeur naturelle. Fig. 5, 6, 7, la même de Gammal, échantillon bivalve, vu de trois côtés différents, de grandeur naturelle. Fig. 10, fragment de la même, de *Cogny*, avec une portion de valve du *Harpax spinosus* qui le recouvre par le haut, grossi deux fois. De ma collection.

Plicatula Oceani (d'ORBIGNY).

(Pl. XIII, fig. 2 et 3.)

1850. D'Orbigny, *Prodrome*. Sinémurien, n° 138.

Je n'ai pas de bons échantillons de cette espèce, bien distincte par des rangées épineuses et sa grande taille; les deux fragments figurés peuvent donner une idée du test.

Localité : Saint-Quentin, Croix du Saule, Narcel , Cogny, Veyras.

Explication des figures : Pl. XIII, fig. 2, fragment de *Plicatula Oceani* de Saint-Quentin , de grandeur naturelle. Fig. 3, fragment de Veyras, de grandeur naturelle.

Plicatula intus-striata (EMMERICH).

(Pl. I, fig. 13, 14, 15, 16.)

1853. H. Emmerich. Geognostischen Beobachtungen aus den œstlich-Bayern'schen alpen. S. 52 (Jahrbuch der K. K. geologischen Reichs-anstalt).

1853. Hauer : ueber die Gliederung des Trias-Lias and Juragebilde
(Jahrbuch der K. K. geol. Reichs-anstalt, t. IV, s. 715).

Dimensions : longueur 15 millim., largeur 11 millim.,
épaisseur 1 à 2 millim.

Coquille mince, de forme ovale un peu tronquée et légèrement
oblique, charnière formée sur la valve adhérente de deux très-
petites dents latérales qui vont en s'amoindrissant jusqu'au crochet où il existe une très-petite fossette. — Le bord intérieur, à
deux millim. des crochets, se couvre de fines crénclures en se
renversant un peu en dehors ; en arrivant à la région palléale,
ce renversement de la coquille se prononce, la valve s'épaissit ;
tout l'intérieur est couvert de fines stries rayonnantes, un peu
onduleuses qui partent d'un centre peu distinct, placé à 2 millim.
au dessous du crochet. Ces stries marchent en s'anastomosant et
viennent former comme un cordon régulier sur le pli relevé que
forme la valve en se renversant en dehors. La surface extérieure
paraît lisse ou couverte de faibles lignes rayonnantes dans la
partie qui n'est pas en contact avec le corps étranger qui lui
sert de support. Il est à remarquer que c'est toujours un point
en saillie que choisit l'animal pour s'attacher ; je ne connais pas
d'autre exception que le singulier échantillon représenté fig. 14,
pl. 1, qui a grandi dans un creux et qui est embouti dans le
calcaire à la profondeur de 3 millim. : ici la forme ordinaire de
la valve a été complétement modifiée par cette circonstance.
La valve supérieure ne m'est pas connue par ses détails intérieurs ; sa surface extérieure semble reproduire confusément les
détails de la surface d'adhérence ; ainsi, la figure 13, pl. 1, montre une *Pl. intus-striata* bivalve, posée sur le crochet d'une valve
du *Pecten Pollux*; l'on aperçoit très-bien sur la valve supérieure
de la plicatule, la reproduction, peu marquée cependant, des
côtes du *pecten* avec leurs ornements (le dessin ne laisse pas discerner ce détail, bien visible sur l'échantillon). — Il est d'ailleurs excessivement rare de trouver la *Plicatula intus-striata*

bivalve, je n'en ai vu que trois ou quatre exemplaires sur des mil·
liers de spécimens ; dans cet état complet elle présente l'aspect d'un
petit corps rond, bombé et qui doit attirer difficilement l'attention. Pour une coquille qui vivait fixée sur des corps étrangers
auxquels elle adhérait, la *Plicat. intus-striata* est extraordinairement régulière dans sa forme et ses dimensions. C'est sur les
valves de la *Lima valoniensis* qu'on la trouve surtout fixée.

Cette petite plicatule est le fossile qui joue le rôle le plus important dans la zone que nous étudions, et, comme nous l'avons
déjà dit, elle devrait donner son nom à cette subdivision de
l'infrà-lias. Partout, dans le bassin du Rhône, elle caractérise
ce niveau, se montrant en quantité innombrable et couvrant de
sa valve inférieure découverte tous les autres fossiles ; quand
on aborde un gisement, il y a beaucoup à parier que le premier fossile entrevu sera une *P. intus-striata*, et comme nous
savons qu'elle est tout aussi abondante en Lombardie, en Autri-
che, dans le Tyrol et les Alpes bavaroises, son importance ne
peut être contestée. De plus, dans nos contrées, jamais elle n'a
été rencontrée ni plus bas ni plus haut que la zone à *Ammonites
planorbis*, ce qui augmente sa valeur comme coquille caractéristique. — Malheureusement ce qui est vrai pour le bassin du
Rhône ne l'est plus dans celui de la *Moselle*, et M. Terquem en
cite quelques rares exemplaires dans le lias inférieur, avec gryphées. — Cette anomalie ne se retrouve pas dans les pays situés
plus à l'est, et, d'après les détails connus, les gisements si importants de la haute Italie et de l'Allemagne, où elle abonde, sont
bien exactement au même niveau géologique que ceux de notre
bassin.

Localité : Partout. *cc.*

Explication des figures : Pl. I, fig. 13, Plicatula intus-
striata bivalve de la *Croix du Saule*, sur une valve de Pecten Pollux, de grandeur naturelle. Fig. 14, valve inférieure placée dans un creux, *Saint-Fortunat*, de grandeur
naturelle : peut-être est-ce une valve supérieure ? Fig. 15,
valve inférieure de Veyras, posée sur un fragment de Lima

valoniensis, de grandeur naturelle. Fig. 16, la même, grossie deux fois. De ma collection.

Plicatula crucis (Nov. spec.).

(Pl. XIII, fig. 1.)

Testâ ovato-rotundatâ, regulari, oblongâ, striis noduliferis, confertis, rectis adornatâ, sulcis incrementi tenuissime decussasis.

Dimensions : longueur 45 millim., largeur.....

Coquille ovale, régulière, couverte d'une très-grande quantité de petites lignes rayonnantes épineuses, semblables entre elles. — Ces lignes, séparées par des intervalles un peu plus petits qu'elles mêmes, descendent du crochet jusqu'à 2 centimètres en ligne droite, sans déviation, mais là, sur une ligne d'accroissement plus forte, elles changent un peu de direction et paraissent renouveler plusieurs fois ce mouvement; les lignes nombreuses concentriques coordonnent les petites épines en cercles réguliers, ce qui ajoute à la beauté des ornements. L'ensemble forme un tissu fort élégant, compliqué et qui ne peut se comparer à aucune autre plicatule, caractérisant à coup sûr une espèce spéciale. — Malheureusement le seul échantillon que je possède est fortement engagé dans un calcaire très-dur et ne laisse voir que la moitié de son contour ; le bord palléal semble aussi nettement arrondi que celui d'une *Lima* : la coquille paraît être assez épaisse et équilatérale. Le dessinateur n'a pas rendu, dans la figure, la fermeté et la netteté des lignes, soit rayonnantes, soit concentriques.

Localité : La Croix du Saule. *rr*.

Explication des figures : Pl. XIII, fig. 1, Plicatula crucis, de la Croix du Saule, de grandeur naturelle. De ma collection.

Placunopsis Munieri (Nov. sp.)

(Pl. XIV, fig. 9 et 10.)

Testâ parvâ, suborbiculari, papyraceâ. Umbone obtuso, depresso, submarginali.

Dimensions : longueur 23 millim., largeur 20 millim., épaisseur... ?

Coquille suborbiculaire, très-mince, ne laissant voir aucune trace d'ornements ni d'empreinte musculaire . — La valve semble cependant se présenter par sa face intérieure, elle est fixée par toute sa surface extérieure sur une valve de la *Lima valoniensis* dont les côtes se reconnaissent bien à travers la mince valve de placunopsis. — Sa forme générale est une ellipse un peu resserrée vers la charnière. — La petite empreinte circulaire, qui apparaît en saillie vers le crochet, appartient-elle à notre coquille ou à un autre individu plus jeune que la coquille a recouvert ? La coquille est excessivement mince (1).

(1) Dans le volume de la Société paléontologique de Londres, pour 1853, MM. *Morris* et *Lycett* : Monographie des mollusques de la grande oolite, page 5, ont établi le genre *Placunopsis* pour des coquilles bivalves qui tiennent le milieu entre les *Anomies* et les *Placunes* ; voici la diagnose qui caractérise le nouveau genre :

« Coquille suborbiculaire, inéquivalve, irrégulière, très-mince, sans
« oreilles ; la grande valve convexe, légèrement oblique. — Le sommet
« déprimé et submarginal, orné de lignes rayonnantes ondulées, bord car-
« dinal court, presque droit : la petite valve plate, entière, et souvent
« fixée sur des corps étrangers par sa surface : charnière sans dents avec
« une petite cavité médiane, transverse, qui contenait le ligament : impres-
« sion musculaire grande (bilobée ?), elliptique, subcentrale. »

Ce curieux fossile a été trouvé au mont Narcel, dans les marnes inférieures, par M. *Munier-Chalmas*, dans une promenade au Mont-d'Or, où j'avais le plaisir de l'accompagner.

J'ai fait représenter, pl. XIV, fig. 10, un fragment qui paraît appartenir à un *Placunopsis*. — L'échantillon est bivalve, l'épaisseur des deux valves réunies ne dépasse pas celle d'un fort papier : la valve supérieure, d'un tissu nacré, laisse fort bien apercevoir les ornements d'une plicatule qui lui sert de support, garnie de ses épines ou tubulures; malheureusement il manque la partie cardinale de la coquille.

Localité : Narcel. *r.*

Explication des figures : Pl. XIV, fig. 9. *Placunopsis Munieri*, de *Narcel*, grandeur naturelle. Fig. 10, coquille de la *Croix du Saule*, grossie deux fois. — Peut-être un placunopsis ? — De ma collection.

Ostrea sublamellosa (Dunker).

(Pl. I. fig. 8, 9, 10, 11, 12.)

(Pl. VII, fig. 12, 13, 14.)

1851. Dunker. *Palaeontographica,* vol. 1, page 41, pl. VI, fig. 27 à 30.

Dimensions : longueur 41 millim., largeur 28 millim., épaisseur 12 millim.

Coquille ovale, oblongue, un peu bombée et oblique; des lamelles peu saillantes suivent les contours des valves. — Valve gauche adhérente souvent par toute sa surface, s'élargissant en relevant son bord palléal, terminée par un crochet ou talon droit, un peu triangulaire, sans stries : empreinte musculaire petite, peu profonde, tronquée en dessus, arrondie en dessous, très-rapprochée du bord postérieur : valve droite presque plane, assez épaisse, un peu plus petite que la gauche, ornée de quelques plis lamelleux concentriques, ordinairement très-peu marqués ailleurs que sur les bords ; impression musculaire plus profonde ; quelquefois elle porte en relief les traces du corps étranger qui supporte l'autre valve ; l'exemplaire, fig. 9, t. 1, offre des traces d'ornementation d'une coquille étrangère. — Les figures 10, 11, 12 de la même planche représentent une *Ostrea sublamellosa* de moyenne grandeur, bivalve, en bon état de conservation et vue de trois côtés différents. La fig. 8, pl. 1, représente un groupe de trois exemplaires réunis par leurs valves inférieures et qui se sont servi mutuellement de support. Les fig. 12 et 13 de la planche VII représentent une forme extrême vue en dessous et en dessus ; cette *ostrea*, par une exception fort rare, a un point d'attache très-petit ; sa forme est plus courte que dans les échantillons ordinaires, et plus bilobée. — Malgré cette déformation, l'obliquité ordinaire des valves est encore très-bien indiquée.

L'*Ostrea sublamellosa* est une des espèces les moins irrégulières du genre, et sauf quelques changements qui résultent des différences du point d'attache, on ne remarque ni dans la forme, ni dans les ornements, ni dans la taille, une déviation notable de la figure type. — M. Dunker, cependant, après en avoir donné la description, dit que « pour montrer l'irrégularité de l'*O. sublamellosa*, il donne le dessin des coquilles dont les formes sont les plus extrêmes : » mais la plus simple inspection de ces dessins mêmes fait voir que l'irrégularité dont il parle, n'existe pas, si l'on tient compte de l'amplitude des variations de forme admise pour le genre *Ostrea*.

Cette huître est, après la *Plicatula intus-striata*, la coquille la plus répandue et la plus importante de la zone à *Ammonites planorbis*. — De plus, c'est encore un fossile qui ne se montre dans le bassin du Rhône, ni plus haut, ni plus bas, et que l'on peut regarder comme caractéristique ; dans la plupart de nos gisements elle est comparativement aussi nombreuse et aussi constante que la *Gryphæa arcuata* dans les couches du lias inférieur.

Plusieurs géologues citent l'*Ostrea irregularis* (Münster) à notre niveau, en donnant évidemment ce nom à l'*O. sublamellosa ;* mais l'*O. irregularis* est du lias moyen ; et d'ailleurs sa forme arrondie, son talon, son épaisseur, sa taille irrégulière, rien ne correspond aux caractères que nous venons d'énumérer.

Il est bien remarquable que cette ostréa qui forme, dans notre bassin, un horizon si sûr pour les couches à *Ammonites planorbis*, ne se montre pas aussi constante dans d'autres contrées ; ainsi elle ne paraît pas accompagner, en Lombardie et en Allemagne, la *Plicatula intus-striata*, du moins M. *Stoppani* ne la mentionne pas, et MM. *Dunker* et *Oppel* la donnent d'un niveau un peu plus élevé, c'est-à-dire de la zone à *Ammonites angulatus* (1).

Localité : Saint-Cyr, Saint-Fortunat, Narcel, Poleymieux, Cogny, Bully, Saint-Quentin, tout le Gard et l'Ardèche, partout très-semblable. *cc.*

Explication des figures : Pl. I, fig. 8, trois exemplaires adhérant entre eux par leurs valves inférieures ; le groupe laisse voir une des coquilles par dessus et deux par dessous, de Gammal. Fig. 9, petit spécimen vu par dessus, montrant la reproduction de la surface d'adhérence, de Gammal. Fig. 10, 11, 12. Ostréa de Narcel, vue par dessus, par dessous et de profil.

Pl. VII, fig. 12 et 13, exemplaire de Gammal, avec un point d'attache remarquablement petit. Fig, 14, valve inférieure de Narcel, montrant l'intérieur de la coquille et l'empreinte musculaire : toutes ces coquilles, dessinées de grandeur naturelle.

_____

(1) L'importance incontestable de ce fossile m'engage à indiquer aux géologues une localité où ils pourront très-facilement en recueillir de beaux échantillons types et d'une bonne conservation : c'est à Saint-Amand-Montrond (Cher), au dessus et à gauche de la station du chemin de fer, sur la grande route qui conduit à Bouzais, carrière à gauche à 60 mètres de la route. — L'*Ostrea sublamellosa* couvre par milliers tous les déblais.

Ostrea Rhodani (Nov. spec.).

(Pl. IV, fig. 9, 10, 11.)

(Pl. XIII. fig. 6, 7, 8, 10, 11.)

Testâ suborbiculari, compressâ, valvis subœqualibus, radia-tis, costis 18-22 acutis, ad marginem dentibus subacutis inter se occursantibus, umbone irregulari, dilatato.

Dimensions : longueur 33 millim., largeur 31 millim., épaisseur 13 millim.

Coquille arrondie, comprimée, épaisse, ordinairement équi-valve. — La valve inférieure adhérente par le quart de sa sur-face — ornée, sur chaque valve, de 18 à 22 côtes grosses, irrégu-lières, rarement dichotomes, rugueuses, séparées par des plis profonds de la même largeur, partant du talon en rayonnant; le nombre des côtes est le même pour les deux valves qui s'em-boîtent sur la région palléale, et où, dans les exemplaires adultes, on compte quelquefois de nombreuses lignes d'accroissement, comme on peut l'observer sur le spécimen dessiné sous les numéros 9 et 10 de la planche IV. L'échantillon figuré même planche, figure 11, est remarquable par la petitesse du point d'attache, qu'il est rare de voir d'aussi minime dimen-sion; aussi cette circonstance a permis aux côtes de prendre un développement inusité. — Les côtes du milieu sont toujours un peu plus grosses que les autres; je n'ai pu observer ni la charnière, ni l'impression musculaire.

Par sa constance sur tous les points du bassin du Rhône, le nombre assez régulier de ses côtes, sa taille uniforme et sa forme arrondie, l'*Ostrea Rhodani* me semble appartenir à une espèce bien distincte; dans tous les cas, il est impossible de la rappro-cher de l'*Ostrea Marcignyana* (Martin), dont le caractère est d'être ovale et d'avoir des côtes qui se ramifient.

La plupart des *ostrea* que M. l'abbé *Stoppani* a fait figurer (fossiles de l'Azzarola, pl. 16), me paraissent se rapprocher beaucoup du type de l'*O. Rhodani*.

Localité : Saint-Cyr, Narcel, Dardilly, Cogny, Veyras, Gammal, Chaylard. *c.*

Explication des figures : Pl. IV, fig. 9 et 10, bel exemplaire bivalve, aux bords épaissis, vu en face et par côté, de grandeur naturelle, recueilli par le frère Euthyme, à Gammal. Fig. 11, exemplaire montrant une très-petite surface d'adhérence avec le précédent.

Pl. XIII, fig. 6, 7, 8, échantillon de *Veyras*, de grandeur naturelle, vu par dessus, par dessous et de profil. Fig. 10, 11, autre exemplaire de *Veyras*, de grandeur naturelle.

Ostrea.....

(Pl. XIII, fig. 9.)

Ce fragment curieux, que j'ai rapporté de Narcel, montre une surface d'adhérence allongée en gouttière d'où partent six côtes minces, droites, régulières, chargées d'epines. — Des recherches ultérieures pourront seules apprendre à quelle coquille doit se rapporter ce fragment.

Localité : Narcel. *r.*

Gryphæa arcuata (LAMARK).

(Pl. XIII, fig. 4 et 5.)

(Pl. XV, fig. 1 et 2.)

1802. Lamark. Animaux sans vertèbres, page 398.

La coquille dont je donne la figure, pl. XIII, fig. 4 et 5, ne peut laisser aucune espèce de doute sur l'identité de l'espèce.

— J'avais déjà deux ou trois échantillons en mauvais état, qui me faisaient croire à la présence de la *Gryphœa arcuata* dans la zone à *Ammonites planorbis*, lorsque je trouvai ce spécimen dans le calcaire dur rempli de *Pecten valoniensis*, de la petite carrière du *Mât*, à *Saint-Fortunat*. La figure fait voir que cette gryphée, déjà d'une grosseur raisonnable, a la forme et les ornements de la vraie *G. arcuata* du lias inférieur. Je l'ai extraite moi-même du calcaire compacte qui contient les pecten ; nous sommes donc garantis contre toute chance d'erreur.

L'*Ostrea* figurée pl. XV, fig. 1 et 2, me paraît très-éloignée au contraire du type de la *G. arcuata;* ses lamelles, sa courbure plus petite, le point d'attache très-grand, l'absence des gros plis transverses lui assignent une place à part. — D'un autre côté, il est impossible de la réunir à l'*Ostrea sublamellosa*, cette dernière est toujours oblique, jamais arquée et la surface d'adhérence toujours sur la surface inférieure de la coquille; dans l'ostréa figurée, cette surface d'adhérence est visible quand on regarde la coquille par dessus. J'ai recueilli ce singulier échantillon à *Gammal*.

Localité : Narcel, Saint-Fortunat. *r.*

Explication des figures : Pl. XIII, fig. 4 et 5, *Gryphœa arcuata* de *Saint-Fortunat*, de grandeur naturelle. Pl. XV, fig. 1 et 2, autre espèce de gryphée de Gammal.

Anomia Schafhæutli (WINKLER).

(Pl. XIII , fig. 12, 13, 14.)

1859. Winkler. Die Schichten der Avicula contorta, Seite 5, pl. 1, fig. 2, *a, b.*

Dimensions : longueur 8 millim. 1/2, largeur 8 millim., épaisseur 3 millim. 1/2.

Petite coquille ronde, bombée, très-légèrement ovale, couverte de stries rayonnantes extraordinairement fines et de lignes ou plutôt de plis concentriques bien prononcés, surtout vers la région cardinale. Le sommet de la coquille forme un petit crochet qui dépasse un peu la valve. La surface bombée régulièrement recouvre la valve inférieure de manière à n'en rien laisser voir. Ce spécimen que j'ai recueilli dans le calcaire dur, lamelleux, à *Pecten valoniensis* de *Saint-Fortunat*, est posé sur un fragment de ce même *pecten* auquel il adhère très-fortement : il est d'un jaune ambré, brillant, très-dur et fort bien conservé ; il ressemble pour la forme et la grandeur à la moitié d'un noyau de cerise. — Les stries rayonnantes, très-légèrement onduleuses, ne sont visibles qu'à la loupe.

Quoique M. Winkler ne donne pas le profil de la coquille de *Joch*, ses dessins paraissent pour le reste s'accorder très-bien avec mon échantillon.

Localité : Saint-Fortunat. *r*.

Explication des figures : Pl. XIII, fig. 12, Anomia de grandeur naturelle, de Saint-Fortunat. Fig. 13, la même, vue de profil. Fig. 14, la même, grossie trois fois.

Terebratula psilonoti (QUENSTEDT).

(Pl. VII, fig. 3, 4, 5.)

1858. Quenstedt. *der Jura*, page 50, pl. 4, fig. 21.

Dimensions : longueur 22 millim., largeur 15 millim., épaisseur 11 millim.

Coquille allongée, un peu carrée sur le front ; Area terminée par une carène coupante seulement près du crochet ; plus bas elle se réunit à la valve par un contour arrondi. — Surface finement ponctuée. Je ne remarque aucune différence à noter entre la nôtre et celle figurée par *Quenstedt*.

La *T. psilonoti* est certainement très-rapprochée de la *T. Rhe-*

mani (Roemer), voyez : Die Versteinerungen des N. D. oolithen-gebirges, Nachtrag, Seite 21, tab. XVIII, fig. 11.

Localité : Mercruer, Gammal. *c.*

Explication des figures : Pl. VII, fig. 3, 4, 5, *Terebratula psilonoti*, de Mercruer, de grandeur naturelle. De la collection de M. Noguès.

Cidaris.....

(Pl. XVI, fig. 1, 2, 3.)

Dimensions : hauteur 19 millim., diamètre 38 à 39 millim.

Cidaris de taille moyenne : forme globuleuse : aires intérambulacraires garnies de deux rangées de tubercules perforés et crénelés, au nombre de quatre au plus, par rangées et d'une grosseur égale, excepté près de l'ouverture buccale où ils diminuent beaucoup de volume et deviennent lisses : scrobicules ronds, bien loin de se toucher, évidés, entourés d'un cercle formé par une douzaine de petits tubercules mamelonnés, irréguliers, un peu plus saillants que les autres, le reste des plaques couvert de granulations irrégulières et très-serrées.

Aires ambulacraires très-étroites et sinueuses, portant une double rangée, qui se séparent à peine à l'équateur, pour laisser apercevoir une troisième rangée supplémentaire. — Les pores, très-petits, sont placés, par deux, au fond d'un sillon étroit et profond.

Une ligne déprimée indique nettement sur le test la forme des plaques intérambulacraires : appareil oviducal très-grand, bouche inconnue.

Ce *Cidaris* est remarquable par le petit nombre de tubercules principaux à chaque rangée et par ses ambulacres formés de deux rangées de grains très-serrés. — A chaque plaque intérambulacraire correspond un espace de l'ambulacre comprenant 22 pores géminés.

Ce bel échantillon vient de la collection de M. Albert Falsan ; il a été recueilli, il y a déjà plusieurs années, au mont *Narcel*, au dessus de *Saint-Fortunat*, peut-être sur un autre point du *Mont-d'Or lyonnais*. M. Falsan, très-jeune alors, commençait à peine à s'occuper de géologie, et il reste dans son souvenir quelque incertitude sur le gisement : la gangue est très-semblable au calcaire fin, blanchâtre, qui contient à *Narcel* l'*Amm. planorbis* et le *Diademopsis serialis*. — L'aspect de cette gangue paraît exclure toutes les autres couches calcaires des environs. — En un mot, la nature de la roche concorde fort bien avec les souvenirs de M. Falsan, pour assigner le gisement de *Narcel* à cet échinoderme ; cependant, comme il reste de l'incertitude, je m'abstiens de lui donner un nom : s'il appartient, comme c'est infiniment probable, au niveau de l'*Ammonites planorbis*, il est impossible que d'autres fragments ne viennent bientôt confirmer le fait, en faisant cesser nos scrupules : dans ce cas, ce Cidaris devra porter le nom de *Cidaris Falsani*.

Fort rapproché du *Cidaris coronata* (Goldfuss), par le petit nombre et la forme de ses tubercules, il s'en éloigne par les rangées de granules des ambulacres au nombre de deux seulement.

Les Cidaris, assez nombreux, de l'Azzarola, décrits par M. Stoppani, se font remarquer comme le nôtre par les deux rangées de granules régulières de leur aire ambulacraire, mais il n'ont avec lui aucun autre trait de ressemblance.

Localité : Narcel ?

Explication des figures : Pl. XVI, fig. 1, et 2, Cidaris..... vu en dessus et par côté. Fig. 3, une plaque principale, grossie deux fois. Collection de M Falsan.

Diademopsis serialis (DESOR).

(Pl. XVI, fig. 4, 5, 6.)

1858. Desor. *Synopsis des échinides fossiles*, pag. 79, pl. XIV,

fig. 12 et 14. — *Diadema* (Agassiz). — *Hemipedina*
(Wright).

Dimensions : diamètre 45 millim., hauteur 22 millim.

Grande espèce légèrement subconique, convexe en dessous :
forme pentagonale à peine indiquée, ambulacres rectilignes portant deux rangées de 22 tubercules mamelonnés et perforés,
mais notablement plus petits que ceux des zones intérambulacraires. — Ces tubercules sont placés tout à fait contre les
pores et beaucoup plus rapprochés entre eux à la face inférieure. — La dimension en est un peu plus forte au centre. Les
granules clair-semées, qui garnissent le reste de l'ambulacre, ont
une tendance à se grouper autour des tubercules. Pores ambulacraires grands, presque ronds, entourés par paires d'une très-légère dépression. — Ils descendent du sommet en lignes bien régulières jusqu'à l'ambitus, et là ils commencent à former des
groupes inclinés par triples paires dont l'obliquité va sans cesse
en augmentant jusqu'au péristome.

Les aires intérambulacraires, garnies de deux séries principales de seize tubercules lisses, mamelonnés, perforés, saillants,
entourés d'un cercle légèrement mais très-nettement tracé ; plus
rapprochés et moins gros en dessous, ils deviennent plus gros vers
l'ambitus et restent à peu près de la même taille dans la zone
supérieure. Ces deux rangées sont éloignées des zones porifères
de trois millimètres : deux autres séries, absolument semblables, accompagnent les premières à partir du péristome, mais
celles-ci ne comptent que 12 tubercules, au plus, et disparaissent en arrivant au dessus de l'*ambitus*. Indépendamment de ces
quatre rangées de tubercules, il y en a encore quatre autres
très-secondaires, à chacune des extrémités des plaques intérambulacraires, l'une contre la suture médiane, l'autre contre la
zone porifère : ici les tubercules sont très-petits et disparaissent en arrivant à l'équateur. — Ainsi, ce caractère d'avoir six
rangées intérambulacraires n'est pas une exception individuelle,
comme le pense M. Cotteau. — (Il en faudrait compter huit à la

rigueur, mais les deux petites rangées contre la ligne de suture sont ordinairement très-peu visibles.) Tous les individus adultes, bien conservés, montrent ces 6 ou 8 rangées de tubercules. Les tubercules sont alignés sur chaque plaque, mais les plaques alternant de hauteur, il en résulte que les rangées horizontales sont placées en échelon. Le fond paraît couvert de très-petits tubercules mamelonnés et perforés, peu serrés et irréguliers ; ils s'arrangent en cercles mal définis autour des gros tubercules.

La largeur des aires ambulacraires est à celle des aires intérambulacraires comme 1 est à 3 1/2.

Comme les tubercules des deux rangées principales se maintiennent à la face supérieure, dans toute leur grandeur, et que les autres rangées n'y arrivent pas, il en résulte pour cette partie de l'échinide un aspect général très-caractéristique, et qui paraît distinguer tous les diademopsis de cette zone. — Les deux faces du diademopsis semblent appartenir à deux genres différents.

La bouche, placée dans une assez forte dépression, est un peu plus grande, au Mont-d'Or, que dans le spécimen de *Châtillon*, dessiné dans l'ouvrage de M. Desor (Synopsis des échinides fossiles); de plus, les dix lobes, séparés par des courbes bien marquées, ne sont pas égaux ; ils sont alternativement un peu plus larges ou étroits, et comme toujours, dans ce cas, c'est dans le lobe rétréci et un peu saillant qu'arrivent les aires intérambulacraires : ce fait, qui me paraît constant dans les échinides réguliers, est à remarquer ici, puisque l'aire ambulacraire qui n'a pas le tiers en développement de l'aire intérambulacraire, vient occuper cependant au péristome le lobe le plus large.

Aucun de mes échantillons ne donne l'appareil apicial.

Le *Diademopsis serialis* se trouve sur plusieurs points du bassin du Rhône, et je sais qu'il a été recueilli dans l'Ardèche et le Gard. — Jusqu'à présent je ne l'ai rencontré que dans les calcaires marneux blanchâtres qui couvrent la colline de *Narcel* et à la *Croix du Saule* ; les bons échantillons sont très-rares. — Il paraît être plus commun en Bourgogne. C'est un fossile caractéristique pour la zone à *Ammonites planorbis*.

Localité : Narcel, Croix du Saule. r.

Explication des figures : Pl. XVI, fig. 4, *Diademopsis serialis* de *Narcel*, vu par la face supérieure, de grandeur naturelle. Fig. 5, le même, vu du côté inférieur. Fig. 6, un ambulacre et la moitié de l'aire intérambulacraire, fragment du test développé et grossi deux fois. De ma collection.

Diademopsis..... (Fragment de mâchoire).

(Pl. XVI, fig. 7, 8, 9.)

Dimensions : longueur 13 millim., largeur 5 millim., épaisseur 3 millim.

Je ne puis mieux faire que de placer ici la description d'une pièce fort bien conservée et qui appartient probablement à l'espèce que nous venons de décrire. C'est une demi-pyramide de l'appareil masticatoire d'un échinide régulier : une des faces de cette pièce (voyez fig. 7, pl. XVI) porte en arrière une carène épaisse et recourbée en avant; l'autre (fig. 8, même planche) paraît lisse, mais à l'aide d'une loupe on reconnaît de fines stries superficielles transverses qui couvrent toute la face marquée (*a*), le côté rectiligne et coupant de la pièce porte une série de petites dents, au nombre de trente, environ, posées sur la partie tranchante. La fig. 9 fait voir la pièce du côté opposé qui est très-épais et recourbé; au point (*b*) règne un profond sillon qui remonte jusqu'au sommet, et qui n'a pas été assez marqué dans le dessin. — Ces trois figures sont grossies deux fois.

J'ai recueilli moi-même ce fragment à Saint-Cyr, chemin de la Forge, dans les marnes inférieures des couches à *Ammonites planorbis;* on en trouve quelquefois de semblables, soit pour la forme, soit pour la taille, sur les plaquettes de lumachelle aussi bien à Narcel qu'à Veyras, et à Flacher. Malheureusement, jusqu'à présent ces fragments ne sont pas associés à d'autres débris d'échinides, qui pourraient nous autoriser à les attribuer à telle ou telle espèce. — Cependant, en prenant en considération les rapports de grandeurs et le nombre relativement assez grand de ces demi-pyramides, on ne peut s'empêcher de les regarder comme ayant appartenu au *Diademopsis serialis* que nous venons de décrire, et qui ne manque jamais à ce niveau. — Les dimensions pourraient encore faire rapporter ce fragment au Cidaris dont nous parlons plus haut et figuré sur la même planche XVI. Mais, à supposer que la présence du Cidaris fût démontrée dans la zone, le nombre des fragments de lanterne est trop considérable pour appartenir à cet échinide. Il est probable que l'on finira par trouver un échantillon qui nous montrera ce curieux osselet en place et lèvera toute incertitude.

Localité : Saint-Cyr, Narcel, Veyras, Flacher.

Explication des figures : Pl. XVI, fig. 7, demi-pyramide de l'appareil masticatoire d'un échinoderme, de Saint-Cyr, grossi deux fois. Fig. 8, le même fragment, du côté lisse. Fig. 9, le même, vu de profil.

Diademopsis buccalis (AGASSIZ, sp.).

(Pl XVI, fig. 11, 12, 13, pl. XVII, fig. 3.)

1847. Hemicidaris buccalis, Agassiz. *Catalogue raisonné*, p. 33.

Dimension : 17 à 33 millim. de diamètre.

Je crois devoir réunir sous ce nom, donné par Agassiz à un échinoderme de l'infrà-lias, de *Berrias* (Ardèche), plusieurs *Diademopsis* de toutes dimensions, qui se rencontrent surtout dans l'*Ardèche* et dans le *Gard*. La seule différence que je puisse indiquer pour séparer cette espèce du *Diademopsis serialis*, est le nombre moindre des tubercules de la série principale, et leur grandeur relative un peu plus forte : peut-être encore l'auréole de petites granules est-elle ici un peu plus distincte ; les aires ambulacraires me paraissent semblables, des deux parts ; il en est de même de l'aspect de la face inférieure, avec ses nombreuses séries de tubercules. — Presque tous les échantillons sont couverts de fragments de radioles unis, cylindriques, allongés, très-finement striés en long. — La plaque figurée pl. XVII, fig. 3, peut donner une idée de l'abondance de ces débris; cette plaque est grossie deux fois.

Localité : Narcel, Veyras, Vinezac, Gammal. c.

Explication des figures : Pl. XVI, fig. 11, *Diad. buccalis* de Gammal, grandeur naturelle. Fig. 12 et 13, autre exemplaire plus grand, de Gammal, de la collection du frère Euthyme. Pl. XVII, fig. 3, plaque de Vinezac avec débris de radioles, grossie deux fois.

Diademopsis nuda (Nov. spec.).

(Pl. XVII, fig. 10.)

Je ne puis pas donner la diagnose complète de cet échinoderme dont je ne connais qu'un fragment de test; ce fragment est peu considérable, mais d'une admirable conservation, et l'on y trouve des détails qui suffisent pour le séparer nettement du *Diad. serialis*, avec lequel il a, du reste, de grands rapports : voici en quoi consistent les différences : Les tubercules des deux rangées principales, dans les aires intérambulacraires, sont, dans le *Diad. nuda* beaucoup plus petits; de plus ils sont encore de moindre taille à la partie supérieure qu'à la partie inférieure, ce qui est l'inverse de ce que l'on observe dans le *D. serialis* : la rangée secondaire se continue jusqu'au sommet, mais les tubercules deviennent très-petits, très-effacés, et comme ils sont en même temps très-espacés, l'aspect de l'aire intérambulacraire est beaucoup plus nu et tout différent : enfin le nombre des fines granules est plus considérable et couvre à peu près entièrement le fond, ce qui n'existe pas dans le *D. serialis*.

Les aires ambulacraires paraissent être très-semblables, et les pores, dans la moitié inférieure des séries, forment aussi des groupes par triples paires fortement obliques : le *D. Nuda* me paraît être un peu plus conique, autant que je puis en juger dans un fragment.

Mais il y a de plus entre les deux diademopsis des différences plus importantes, parce qu'elles reposent sur des caractères anatomiques et qui me paraissent justifier la séparation des espèces. — Ainsi, les grandes plaques intérambulacraires, à leur contact avec la zone porifère, correspondent chacune à sept paires de pores dans le *D. nuda*, tandis que la plaque semblable du *D. serialis* ne correspond qu'à 4 ou 5 paires tout au plus.

Localité : Mercruer, fragment trouvé par le frère Euthyme.

Explication des figures : Pl. XVI, fig. 10, fragment de Mercruer, de grandeur naturelle.

Pentacrinus psilonoti (QUENSTEDT).

(Pl. XV, fig. 8 et 9.)

1858. Quenstedt. Der Jura, p. 50, pl. 5, fig. 7.

Ce Pentacrinus se rencontre à peu près partout, mais en petit nombre et en fragments éparpillés ; je ne connais qu'une localité où il se montre en abondance et présente des fragments de tige un peu longs, c'est Veyras, près de Privas : il y a là, à l'ouest du village, des marnes blanches qui en sont remplies.

Le morceau de tige dont je donne le dessin (Pl. XV, fig. 8), compte 13 articles réunis, tous d'une épaisseur égale. — Une petite dépression régulière marque les points de réunion des articles, entre chaque pointe de l'étoile dont les angles sont assez aigus. — L'empreinte articulaire étoilée est posée sur une surface très-concave du côté supérieur, et convexe du côté inférieur. Ce caractère me paraît très-marqué. — Le dernier article supérieur offre l'empreinte, parfaitement arrondie, des points d'attache des verticilles qui accompagnaient la tige.

Localité : Partout. *c.* Très-abondant à Veyras.

Explication des figures : Pl. XV, fig. 8, fragment de tige de Veyras, de grandeur naturelle. Fig. 9, empreinte supérieure, du même, grossie deux fois. De ma collection.

Pentacrinus Euthymei (Nov. spec.).

(Pl. XIV, fig. 12 et 13.)

Calice vu par dessous. — La pièce basale porte l'empreinte d'une étoile à pointes arrondies; le calice, peu profond, est entouré de cinq bras qui se séparent presque immédiatement en dix bras arrondis extérieurement et composés chacun de dix articles d'une inégalité extraordinaire, si l'on considère leur épaisseur qui est alternativement plus grande à gauche et à droite. Mais ces pièces, si irrégulières sous ce rapport, sont très-semblables entre elles pour la forme qui est arrondie en dehors, rétrécie en dedans et un peu bifide. La figure 13, pl. XIV, représente un fragment de ces bras, grossi deux fois. Les dix bras, arrivés à leur dixième article se bifurquent eux-mêmes pour en former 20, qui sont chargés à l'intérieur de ramules dont on voit les débris empâtés dans la marne durcie qui sert de gangue à l'échantillon. Tous les autres détails sont inconnus. Je ne sais s'il faut rapporter ce calice de Pentacrinus, au *P. psilonoti*, je ne le pense pas; l'impression étoilée me paraît ici avoir des angles plus ronds, et l'importance de la tête est un peu trop grande pour les tiges si grêles de ce Pentacrinus.

Ce magnifique échantillon a été trouvé au four à chaux d'*Aubenas*, route de *Vals*, par le frère Euthyme, qui a bien voulu me le confier. Je crois qu'il appartient à la partie supérieure de la zone à *Amm. planorbis*.

Localité : Aubenas. *rr.*

Explication des figures : Pl. XIV, fig. 12, sommet de Pentacrinus d'Aubenas, vue par dessous, grossi deux fois. Fig. 13, un article des bras, grossi deux fois.

Pour les polypiers j'ai eu recours aux lumières de mon ami, M. H. de Ferry, qui a bien voulu examiner mes échantillons et se charger lui-même des descriptions. — Je lui dois d'autant plus de reconnaissance, pour sa bienveillante coopération, qu'il a mis en même temps à ma disposition, comme on le verra plus loin, de très-beaux échantillons de sa collection, et qui rentraient, par leurs gisements, dans le cadre de ces études.

Thecosmilia Martini (E. de FROMENTEL).

(Planche XV, fig. 4, 6, 7.)

1860. E. de Fromentel. Dans la *Paléontologie de l'infrà-lias* de de M. J. *Martin*, p. 92, pl. VIII, fig. 8, 9.

Polypier constituant des buissons de polypiérites, di-ou trichotomes, libres dans une assez grande étendue et entourés d'une épithèque entière et finement plissée (à petits plis).

Calices circulaires, ovalaires ou légèrement déformés; en tout 66 à 80 cloisons assez serrées, minces et plus fortement dentées vers le centre : celles du premier cicle subégales, les autres rudimentaires. Traverses bien developpées, distantes entre elles de 1/2 à 1 millim. Diamètre des calices 8 à 10 millim. à la partie inférieure de la figure 6. On voit un calice assez grand qui est tronqué, et la coupe laisse apercevoir les traverses (la figure est au double).

Ce polypier est indiqué par M. Martin comme se trouvant dans la zone supérieure à *Ammonites angulatus* ; dans les environs de Mâcon il en est de même, et cependant je l'ai recueilli au Monteillet, à Dardilly; et à Veyras, dans la zone inférieure, partie supérieure, c'est un des fossiles qui se retrouvent aux deux niveaux.

Localité : Monteillet, Dardilly, Veyras.

Explication des figures : Pl. XV, fig. 4, *Thecssmilia Martini* de Dardilly, groupe de grandeur naturelle. Fig. 6, le même, vu par dessus, grossi deux fois. Fig. 7, autre spécimen de Veyras, de grandeur naturelle.

Astrocœnia sinemuriensis (E. de FROMENTEL).

(Pl. XV. fig. 4 et 6.)

1849. Stephanocœnia sinemuriensis, d'Orbigny, *Prodrome* : Sinémurien, n° 171.
1860. Astrocœnia sinemuriensis, E. de Fromentel. *Paléont.* de l'infrà-lias, J. *Martin*, p. 94, pl. 7, fig. 26, 27.

Même observation que pour le précédent : il paraît se trouver dans la zone à *A. planorbis* et dans la zone à *A. angulatus*.

Je l'ai rapporté de Dardilly, du Monteillet et de Veyras.

Localité : Monteillet, Dardilly, Vizenac, Veyras.

Explication des planches : Pl. XV, fig. 4 en (*a*), *Astr. sinemuriensis*, de grandeur naturelle de Dardilly. Fig. 6 en (*b*), le même, grossi deux fois.

On remarquera dans la liste des fossiles deux autres polypiers, qui se trouvent plus communément dans la zone supérieure et que, comme les deux précédents, j'ai recueillis dans la zone à *Amm. planorbis;* ce sont :

Thecosmilia major (de FERRY).
Stylastrea Martini (E. de FROMENTEL).

On trouvera la description de la *Thecosmilia major* à la fin de l'infrà-lias, parce que cette espèce est plus répandue et les échantillons plus beaux dans les calcaires du niveau supérieur.

Il y a encore plusieurs polypiers dont les échantillons ne sont ni assez nombreux, ni assez bons pour permettre de les décrire. Je les ai fait dessiner cependant, en voici la provenance :

Pl. II, fig. 5, polypier rond très-déprimé, de Gammal, vu par dessus, grandeur naturelle. Fig. 6, autre exemplaire, de la même localité, vu par dessous.

Pl. XIII, fig. 1, sur le même morceau de calcaire avec la *Plicatula crucis*, de la Croix du Saule, de grandeur naturelle.

Pl. XV, fig. 3, polypier de Veyras, avec le *Pecten Pollux*, grossi deux fois.

On trouvera pl. XV, fig. 5, le dessin, de grandeur naturelle, d'un groupe recueilli à Veyras, et dont il m'a été impossible de reconnaître l'origine : la forme semble indiquer un groupe de cristaux prismatiques disposés en éventail, et cependant la matière est un calcaire mat, gris foncé presque noir, sans aucune trace de cristallisation. — D'un autre côté, rien ne peut faire supposer que l'échantillon se rapporte à un corps organisé.

Le groupe, long de 9 centimètres, est formé de prismes à base de carrés irréguliers qui s'élancent en ligne droite et en s'élargissant dans tous les sens : les prismes dont les côtés, au départ, mesuraient 2 millim. 1/2, en mesurent 7 au sommet : quelques-uns sont légèrement recourbés ; les prismes sont en contact intime les uns avec les autres ; les angles ne sont pas très-vifs.

Localité : Veyras.

Explication des figures : Pl. XV, fig. 5, groupe de nature inconnue, de grandeur naturelle.

Crustacés.....

Les Crustacés sont fort rares, mais ne font pas absolument défaut, dans la zone à *Amm. planorbis*. — J'en ai trouvé à Gammal un fort bel échantillon, au milieu de tous les fossiles si nombreux de cette localité ; malheureusement un orage, survenu au

7

milieu de mes recherches, est venu bouleverser le dépôt où j'avais réuni mes échantillons et à fait disparaître le plus précieux.

Végétaux.....

(Pl. XVII, fig. 1 et 2.)

Il n'est pas rare de trouver dans les calcaires marneux inférieurs de la subdivision à *Amm. planorbis,* des fragments de plantes dont il ne reste que les tiges et chez lesquels toute trace d'organisation a, pour l'ordinaire, disparu. Ces tiges rondes, qui se partagent en deux ou trois rameaux, sont abondantes surtout à *Gammal ;* j'ai fait dessiner un des plus petits fragments de cette localité, pl. XVII, fig. 1, de grandeur naturelle, pour donner une idée de la forme. De semblables tiges se rencontrent quelquefois, mais plus rarement, à Narcel.

Je n'avais jamais rien trouvé qui pût me donner une idée de l'organisation de ce végétal, lorsque dans une de mes dernières courses à Ville-sur-Jarnioux, je rapportai un fragment de calcaire portant un morceau d'une assez grosse tige sur laquelle il reste encore des traces de l'écorce. — Ce sont de petites écailles disposées sur la surface de la branche dans un ordre assez régulier; ces écailles portent toutes, à la partie supérieure et du même côté, une petite cicatricule ronde : j'ai fait dessiner ce fragment de tige, de grandeur naturelle, pl. XVII, fig. 2. Si le dessin paraît un peu confus, l'inspection de l'échantillon ne permet pas de conserver de doute sur la nature de ces écailles ou cicatrices qui doivent résulter du point d'insertion de feuilles ou ramules sur la tige principale. Il y a une régularité dans l'allure et la forme qui rappellent les *Sagenaria* ou plutôt le *Stigmaria ficoides,* genres qui avaient disparu depuis longtemps quand les couches de l'*infrà-lias* se sont déposées. Le reste de l'écorce est détruit. Ce fragment est entouré, sur la plaque de calcaire, de nombreux spécimens de la *Plicatula hettangiensis.*

Localité : Narcel, la Croix du Saule, Gammal. *c.*

Explication des figures : Pl. XVII , fig. 1, végétal de Gammal, grandeur naturelle. Fig. 2, le même, de la Croix du Saule. De ma collection.

GÉNÉRALITÉS SUR LES FOSSILES.

Les fossiles les plus caractéristiques de la zone à *Ammonites planorbis,* dans le bassin du Rhône , en considérant soit leur abondance dans certaines régions, soit leur présence dans tout l'ensemble du bassin, peuvent être rangés, à peu près, dans l'ordre suivant, d'après leur importance relative :

> *Plicatula intus-striata.*
> *Ostrea sublamellosa.*
> *Ammonites planorbis.*
> *Lima valoniensis.*
> *Corbula Ludovicæ.*
> *Cypricardia porrecta,*
> *Turritella Deshayesea.*
> *Harpax spinosus.*
> *Pecten valoniensis.*
> *Pecten Pollux.*
> *Pecten Thiollierei.*
> *Lyonsia socialis.*
> *Mitylus Stoppanii.*
> *Diademopsis.*

Sous un autre point de vue, les fossiles qui paraissent, jusqu'à présent, spécialement propres au bassin du Rhône, sont :

> *Pecten Thiollierei.*
> *Corbula Ludovicæ.*

Cypricardia porrecta.
Pinna crumenilla.
Ostrea Rhodani.
Pholadomia avellana.
Pecten Euthymei.
Pecten securis.

Si l'on veut considérer les espèces, très-peu nombreuses, qui passent dans la zone supérieure à *Ammonites angulatus*, il faut noter :

Littorina clathrata.
Thecosmilia Martini.
Thecosmilia major.
Astrocœnia sinemuriensis.
Stylastrea Martini.

Enfin, les espèces que l'on retrouve, soit dans le lias, soit dans les couches plus élevées encore dans la série jurassique, sont les suivantes :

Lucina arenacea.
Lima tuberculata.
Lima duplicata.
Hinnites velatus.
Harpax spinosus.
Gryphœa arcuata.

ZONE DE L'AMMONITES ANGULATUS.

La troisième subdivision, ou la partie supérieure de l'infrà-lias, est la zone à *Ammonites angulatus*, du nom de l'ammonite qui se retrouve partout à ce niveau : elle comprend des grès, des cal-

caires grèzeux, et des calcaires compactes fins, durs et fissiles.
Dans le nord, les calcaires empâtent des grains de quartz hyalin,
gris; la couleur de la roche passe du gris au jaune clair et quelquefois au roux décidé.

Dans les environs de Lyon, la circonstance des grains de quartz
disséminés dans la roche est très-caractéristique ; les fragments
du calcaire dur, sublamellaire, bleuâtre, qui ont subi les influences atmosphériques, deviennent jaunes, rougeâtres; les grains de
quartz empâtés restent en saillie ainsi que les fossiles, qui sont
quelquefois admirablement conservés.

Le calcaire à grains de quartz est très-peu exploité dans le
Mont-d'Or lyonnais, parce qu'il est d'une dureté qui rend son
extraction et sa taille très-coûteuses ; d'ailleurs, il se trouve au
milieu de carrières plus favorables à l'exploitation, et recouvert
ordinairement par les 12 à 15 mètres du lias inférieur à gryphées:
il en résulte que les points où l'on peut récolter des fossiles sont
assez rares.

Dans la partie sud du bassin, notamment dans les départements de l'*Ardèche* et du *Gard*, la zone à *Ammonites angulatus*
se compose de calcaires compactes bleuâtres ou jaunâtres, durs,
à grain fin, fragiles, qui paraissent varier très-peu ; quelquefois
les fossiles sont silicifiés, surtout à la partie supérieure (Veyras,
Meyranne).

Les détails donnés déjà, page 18, sur la coupe générale de l'infrà-lias de *Cogny*, permettent de prendre une première idée de la
position et de l'importance de la zone à *Ammonites angulatus*. A
Chessy (Rhône), la coupe de l'infrà-lias, bien nette pour la partie
inférieure, est embrouillée et peu distincte pour la zone qui nous
occupe.

L'un des points les plus favorables, soit pour recueillir des
fossiles, soit pour observer les couches, est la petite carrière de
la *Glande*, commune de *Poleymieux* (Rhône), au point où elle se
réunit à celle de *Limonest*. Le calcaire à grains de quartz y est
exploité et utilisé pour réparer les routes. Les fossiles sont ré-
partis sur deux couches, voici la coupe :

Lias à gryphées.

Calcaire avec *cardinia*, **Lima duplicata**	0,20
Calcaire avec quelques gryphées	0,60
Calcaire à grains de quartz, *cardinia*, *Montlivaultia*,	
Lima, *cerithium verrucosum*, *pleurotomaria*. . .	0,50
Grès, calcaire grèzeux, sans fossiles.	1,60
Calcaire grèzeux plus clair, à grains de quartz avec	
tous les fossiles du foie de veau de Bourgogne, pe-	
tits gastéropodes.	0,40
Grès sans fossiles, épaisseur indéterminée.	

A *Limas*, près de Villefranche (Rhône), les couches à cardinies et à grains de quartz présentent dans plusieurs carrières un développement plus considérable qu'à la *Glande*, mais je n'y ai pas découvert de fossiles.

Au Mont-d'Or on retrouve encore le calcaire à grains de quartz, vec ses fossiles, sur les flancs du mont *Narcel*, au-dessus de Saint-Fortunat et à Saint-Germain, au dessus des carrières de grès. Un peu plus au nord, après avoir passé la vallée de l'Azergue, mais toujours dans le département du Rhône, on peut l'observer, en suivant le versant est de la chaîne Beaujolaise, à *Marcy*, à *Cogny* à la *Grange-du-Bois, hameau de la commune de Cenves* (limites du département du Rhône), enfin à *Sainte-Paule*, hameau de *Vété*.

En arrivant de *Leynes* à la *Grange-du-Bois* on voit ressortir, de dessous le lias, tout l'ensemble de l'infrà-lias qui ne forme pas sur ce point une masse considérable ; voici la coupe :

Lias inférieur.

Calcaire jaune clair contenant les fossiles du foie de	
veau, *cardinia*, *orthostoma*, pas de grains de quartz,	
il y a quelques gryphées en haut	2,40
Calcaire grèzeux, rouge brun, bleu à l'intérieur, très-	
dur, sans fossiles	2　"
Calcaire jaune clair, avec *ostrea* et *plicatula*, fossiles	
peu abondants et en mauvais état ; c'est le niveau	
de la lumachelle	1,90

Calcaire grèzeux rouge brun, grès durs, grès à vacuoles. 1,50
Calcaire marneux, blanchâtre, en plaquettes, fracturé,
perforé et marnes blanches, épaisseur indéterminée.

Le tout plonge légèrement du côté de Leynes ; la coupe est prise
150 à 200 mètres avant d'arriver au hameau de la Grange-du-
Bois.

Il est probable que les marnes blanches inférieures se termin-
ent bientôt et sont remplacées par le grès siliceux du trias supérieur qui forment des dépôts considérables à une petite distance
et sont exploités en grand pour faire des pavés , dans deux
carrières assez importantes, qui dépendent de la commune de
Chasselas.

Dans l'Ardèche, les calcaires à grains de quartz sont rempla-
cés par un calcaire compacte, à grain fin, jaune clair par décomposition, dur et en même temps fragile, en couches massives et
riche des mêmes fossiles qui abondent dans les environs de
Lyon et en Bourgogne ; on le rencontre surtout dans les environs
de *Privas* et de l'*Argentière*. — Sur quelques points (*croisée de
l'Argentière*) la partie supérieure est composée de petites couches
minces, fragmentaires, entremêlées de marnes, surmontant des
calcaires durs, massifs, bleuâtres et remplis de tigelles ramifiées
de la grosseur d'un canon de plume. Ces tiges silicifiées ont ordinairement perdu toutes traces d'organisation, et sont déformées
par des orbicules siliceux ; elles paraissent appartenir à un brio-
zoaire (*Neuropora*) fort rapproché du *Neuropora mamillata* (de
Fromentel). A Veyras, ce fossile joue aussi un rôle très-impor-
tant à ce niveau, et l'on trouve des masses considérables de calcaires entièrement remplis de ces débris.

Dans le Gard, ce sont surtout les environs de *Saint-Ambroix*,
principalement *Meyranne*, qui m'ont fourni des fossiles. Là, les
coquilles silicifiées sont empâtées dans un calcaire gris clair, à
grain fin, dont l'épaisseur paraît être assez considérable.

Les fossiles de la zone à *Ammonites angulatus* semblent être surtout cantonnés dans les deux ou trois mètres qui viennent immédiatement au dessous des couches à gryphées. Il est à remarquer que, malgré l'énorme différence des faunes, le passage d'une zone à l'autre se fait toujours, ici, d'une manière qui indique des dépôts tranquilles, aucune discordance de stratification, aucune couche arénacée ; les calcaires succèdent aux calcaires en stratification concordante ; les gryphées commencent à se mêler aux cardinies qui semblent former la transition. Par sa partie inférieure, au contraire, la zone est séparée de la zone à *Ammonites planorbis* par des grès variés, de couleurs souvent foncées et formant un ensemble assez important.

La faune si remarquable par ses petits gastéropodes, de l'assise supérieure de l'infrà-lias, est ordinairement répartie à deux niveaux, séparés par une épaisseur de plus d'un mètre, à peu près privée de fossiles, sans aucun changement dans la nature de la roche. Les strates ont dû se déposer dans un calme parfait, car les fossiles ont conservé tous les détails de leurs parties les plus fragiles. Les nombreuses petites coquilles turriculées se retrouvent avec leurs sommets entiers, et les *Montlivaultia* avec leurs cloisons minces et finement denticulées. Il est difficile de concilier ce calme dans la sédimentation avec la présence des grains de quartz, un peu roulés, quelquefois assez abondants dans le calcaire; ce calcaire, malgré son excessive dureté, subit à la surface une décomposition facile, et qui me semble comparable à celle des calcaires carbonifères dans les carrières de *Visé* et des environs de *Tournay* (en Belgique). Malheureusement, si les fragments restent exposés à l'action de l'air et des eaux un peu plus de temps qu'il ne faut, les fossiles eux-mêmes subissent les atteintes des agents atmosphériques, et sont bientôt détruits ; il est donc important et en même temps assez rare de trouver des fragments de calcaire dans des conditions favorables, car la recherche des fossiles dans la roche saine est tout à fait impossible. Il est curieux, pour l'étude de cette zone, de remarquer que le faciès exceptionnel du calcaire à petits gastéropodes, si constant dans les départements du Rhône et de Saône-et-Loire, se retrouve identique sur des points fort éloignés en dehors de nos limites ; ainsi j'ai rapporté de *Fouche*, près d'*Arlon* (Belgique), des morceaux de calcaire gris bleuâtre, jeaunâtres par décomposition, tout à fait semblables aux fragments de nos contrées, — on peut y voir réunis sur le même échantillon d'un petit volume, la *Melania clathrata*, le *Cerithium gratum*, le *Cardium Terquemi*, plusieurs *Orthostoma* et d'autres petits gastéropodes.

Je n'ai pas besoin de rappeler les magnifiques gisements de la *Côte-d'Or*, dans les environs ds *Saulieu* et d'*Arnay-le-Duc*, qui ont fourni à M. J. Martin de si beaux échantillons. Il en est de même des grès d'Hettange et de Luxembourg, qui sont exactement parallèles à nos couches du Lyonnais : là, la roche, entièrement formée d'éléments siliceux et arénacés, semble une exagération de ce que nous remarquons dans nos calcaires de la même époque, qui contiennent tous des grains de quartz en plus ou moins grand nombre. La cause qui agissait sur les sédiments du bassin du Rhône, en les modifiant partiellement, s'est trouvée assez puissante dans la Moselle pour changer tout à fait la nature des dépôts et former les énormes couches de grès qui supportent le calcaire à gryphées, depuis Hettange jusqu'au delà de Luxembourg.

Il est bien difficile d'assigner une épaisseur à la zone à *Ammonites angulatus* dans le bassin du Rhône, car tous les étages de l'infrà-lias et du lias, si uniformément réguliers quant à la distribution des fossiles, se font remarquer au contraire par une grande irrégularité sous le rapport du développement vertical des couches. Je crois cependant que l'épaisseur totale de la zone, en y comprenant les grès inférieurs non fossilifères, peut être estimée de 6 à 8 mètres.

DÉTAILS SUR LES GISEMENTS.

Narcel. — Nom d'une colline qui domine à l'ouest le village de Saint-Fortunat (Rhône), dans le Mont-d'Or lyonnais. —

Les couches à *Ammonites angulatus* affleurent sur le versant est.

La Glande. — Petite carrière exploitée pour les empierrement des routes, à côté de l'ancien four à chaux et de la ferme de la Glande, commune de *Poleymieux* (Rhône), sur la limite de la commune de *Limonest*.

Saint-Didier. — Village du Mont-d'Or lyonnais, pentes à l'est, au dessous de la nouvelle église.

Saint-Germain. — Village du Mont-d'Or lyonnais, carrières et pentes au dessus du village.

Dardilly (Rhône). — Village sur la base du Mont-d'Or lyonnais à l'ouest, hameau du *Clair* et du *Paillet*.

Marcy. — Village du département du Rhône, près d'Anse, chemin à l'ouest.

Frontenas. — Village du département du Rhône, tranchée sur la route qui conduit à Ville-sur-Jarnioux.

Anse. — Petite ville du département du Rhône, hameau de la *Gontière*.

Ville-sur-Jarnioux. — Village près de Villefranche, au dessus du hameau de *Peineau*.

Cogny. — Bourg près de Villefranche ; les murs dans les vignes à l'ouest du village.

La Grange-du-Bois. — Hameau de la commune de *Cenves* (Rhône), à la limite du département du Rhône, sur la route, avant le hameau, en venant de *Leynes*.

Bussière. — Près de *Saint-Sorlin*, département de Saône-et-Loire.

Sologny. — Village près de Mâcon.

Chevagny-les-Chevrières. — Village près de Mâcon.

Burgy. — Village près de *Lugny*, département de Saône-et-Loire, chemin de *Péronne*.

Veyras (Ardèche). — Village non loin de Privas, près du village et le long de l'ancienne route de l'*Escrinnet*.

Uzer (Ardèche). — Village près de l'*Argentière*, route de *Lachapelle*.

Argentière (Ardèche). — Aux environs de la *Croisée*.

Montmirail (Ardèche). Près de l'*Argentière*, nouveau chemin de Laurac.

Aubenas (Ardèche). — Quartier de la *Zuelle*.

Meyranne (Gard). — Village près de Saint-Ambroix.

LISTE DES FOSSILES DE LA ZONE A AMMONITES ANGULATUS.

Acrodus nobilis (Agassiz) . . . *r*. La Glande.
Nautylus striatus (Sowerby) . . Narcel, la Glande, Cogny.
Ammonites angulatus (Scholtheim) *c*. Partout.
Ammonites bisulcatus (Bruguière). *rr*. La Glande Narcel.
Ammonites kridion (Hehl). . . *rr*. La Glande.
Ammonites lævigatus (Sowerby) . *r*. Narcel.
Melania zenkeni (Dunker). . . Veyras.
Littorina clathrata (Desh. sp.). . *c*. Partout.
Littorina silvestris (E. Dumort.). *r*. Grange-du-Bois.
Turritella Deshayesea (Terquem) . *r*. Veyras, Grange-du-Bois.
Turritella Dunkeri (Terquem). . *c*. La Glande, Uzer, Narcel.
Turritella aurea (E. Dumort.). . *rr*. La Glande.
Turritella Rhodana (J. Martin). . Narcel, la Glande, Veyras.
Turritella chorda (E. Dumort.). . *rr*. La Glande.
Turritella nucleus (E. Dumort.) . *r*. Cogny.
Turritella Martini (E. Dumort). . *r*. La Glande.
Turritella Glaudulæ (E. Dumort.). *r*. La Glande.
Rissoa liasina (Dunker). . . . *rr*. La Glande.
Chemnitzia juncea (J. Martin). . *r*. Narcel, Cogny.
Chemnitzia polita (J. Martin). . La Glande, Saint-Germain.
Chemnitzia Dumortieri (J. Martin). *rr*. La Glande.
Chemnitzia vesta (d'Orbigny) . . *rr*. Grange-du-Bois.
Chemnitzia Poleymiaca (E. Dum.) . *rr*. La Glande.
Nevinea...... sp. . . . . . *rr*. Narcel.
Tornatella cincta (Goldfuss). . . *r*. La Glande.

Tornatella angulifera (J. Martin) . *r.* La Glande.

Orthostoma frumentum (Terquem). *r.* Veyras.

Orthostoma avena (Terquem) . . *r.* Narcel, la Glande.

Orthostoma gracile (J. Martin) . La Glande, Cogny, Veyras.

Orthostoma cylindrata (E. Dumort). *rr.* La Glande.

Orthostoma scalaris (E. Dumort.). *r.* La Glande, Grange-du-Bois.

Neritopsis Archiaci (E. Dumort.) . *r.* La Glande.

Trochus Dumortieri (J. Martin). . *r.* La Glande.

Trochus nudus (Münster in Gold- *r.* La Glande, Cogny, Grange-du-
fuss) . . . . Bois

Trochus granum (E. Dumort.). . *r.* La Glande.

Trochus Bellijocensis (E. Dumort.) *rr.* Cogny.

Trochus bardus (E. Dumort.) . . *r.* La Glande.

Trochus Berthaudi (E. Dumort.) . *rr.* La Glande.

Trochus alatus (E. Dumort.) . . *r.* Saint-Germain.

Solarium sinemuriense (J. Martin). *r.* Veyras.

Turbo paludinarius (Münster in
Goldfuss). . . . . *r.* Grange-du-Bois.

Turbo philemon (d'Orbigny). . . *r.* La Glande, Narcel, Veyras.

Turbo costellatus (Terquem). . . *r.* La Glande.

Turbo decoratus (J. Martin). . . *r.* La Glande.

Turbo rotundatus (Terquem) . . *r.* Veyras.

Turbo triplicatus (Martin) . . . *r.* Cogny, la Glande.

Turbleo egans (Münster in Goldfuss) *r.* La Glande.

Turbo Ferryi (E. Dumort.). . . *r.* Ville-sur-Jarnioux.

Straparolus Oppeli (J. Martin). . *r.* Veyras.

Phasianella liasina (Terquem). . *r.* Frontenas.

Phasianella nana (Terquem). . . La Glande, Grange-du-Bois,
Veyras.

Pleurotomaria principalis (Chapuis
et Dewalque). . . . . . . La Glande, Cogny, Frontenas.

Pleurotomaria anglica (Defrance). *c.* Partout.

Pleurotomaria rotellæformis (Dunker) . . . . Narcel, la Glande.

Pleurotomaria Martiniana (d'Or-   Saint-Germain, la Glande, Co-
bigny). . . . .   gny, Frontenas.
Cerithium semele (d'Orbigny) .   *c.* Narcel, la Glande, Veyras, Uzer.
Cerithium gratum (Terquem). .   Veyras , Montmirail.
Cerithium acuticostatum (Terq.)   Narcel , la Glande, Veyras.
Cerithium Martinianum (d'Or-
bigny). . . . . *c.* Narcel, la Glande, Uzer, Veyras.
Cerithium Dumortieri (J. Martin). *rr.* La Glande.
Cerithium pupa (J. Martin). . . *r.* La Glande, Narcel.
Cerithium Collenoti (J. Martin). .   Narcel, la Glande, Uzer.
Cerithium sinemuriense(J. Martin). *r.* Uzer, Veyras.
Cerithium verrucosum (Terquem). *c.* La Glande, Marcy, Cogny.
Cerithium rotundatum (Terquem). *r.* Narcel.
Cerithium porulosum (Terquem). *rr.* Cogny.
Cerithium etalense (Piette). . . *c.* Narcel, la Glande, Uzer , Mont-
                                mirail.
Cerithium Berthaudi (E. Dumort.) *rr.* Cogny.
Cerithium Falsani (E. Dumort.) . *rr.* La Glande.
Cerithium lugdunense (E. Dum.) . *c.* Narcel, la Glande, Veyras.
Dentalium elongatum (Münster in
Goldfuss). . . . . *rr.* Cogny.
Cardium Terquemi (J. Martin). .   Veyras.
Pholadomya prima (Quenstedt). .   La Glande.
Pholadomya ambigua (Zieten) . .   La Glande, Narcel.
Pholadomya ventricosa (Agassiz). . *r.* Narcel.
Pholadomya glabra (Agassiz) . .   La Glande, Meyranne.
Pholadomya Deshayesei (Chapuis et
Dewalque). . . . . . . *r.* La Glande.
Astarte Gueuxii (d'Orbigny) . .   Narcel, la Glande.
Astarte cingulata (Terquem) . . *r.* La Glande.
Astarte limbata (E. Dumort.) . . *r.* La Glande.
Cardita Heberti (Terquem). . .   La Glande , Narcel, Cogny ,
                                Veyras.
Cypricardia Breoni (J. Martin). . *rr.* La Glande.

Lucina arenacea (Terquem).   .   . *c* La Glande, Frontenas, Veyras, Meyranne.

Cardinia Listeri (Sowerby).   .   . *cc*. Partout.

Cardinia sulcata (Agassiz).   .   . *c*. La Glande, Cogny.

Cardinia regularis (Terquem).   . *r*. La Glande.

Cardinia exigua (Terquem).   .   . *r*. La Glande, Veyras.

Cardinia hybrida (Stutchbury).   . *c*. La Glande, Cogny.

Cardinia Eveni (Terquem).   .   . *r*. La Glande.

Cardinia Hennocquei (Terquem) . *rr*. La Glande.

Nucula sinemuriensis (J. Martin). *r*. La Glande.

Leda Heberti (J. Martin).   .   .   . *r*. Veyras, Montmirail.

Arca pulla (Terquem) .   .   .   . *c*. Partout.

Pinna Hartmanni (Zieten).   .   . *r*. Cogny, Uzer.

Pinna similis (Chapuis et Dewalque) .   .   .   . *r*. La Glande.

Pinna semistriata (Terquem) .   . Narcel.

Pinna trigonata (J. Martin).   .   . Narcel, Aubenas.

Mytilus productus (Terquem) .   . *r*. La Glande.

Mytilus scalprum (Goldfuss). .   . Narcel, Marcy, Veyras.

Mytilus subparallelus (Chapuis et Dewalque) .   .   .   .   .   . La Glande.

Saxicava? .   .   .   . *c*. La Glande. Partout.

Hettangia Deshayesea (Terquem) . *r*. La Glande, Saint-Germain.

Limea Koninckana (Chapuis et Dewalque). .   .   .   .   .   . Cogny, la Glande.

Lima antiquata (Sowerby).   .   . La Glande.

Lima gigantea (Sowerby) .   .   . *c*. Partout.

Lima exaltata (Terquem) .   .   . Narcel.

Lima duplicata (Sowerby, sp.)   . *c*. Narcel , la Glande , Cogny , Frontenas , Veyras , Meyranne.

Lima campanula (E. Dumort.).   . *r*. La Glande, Cogny.

Lima cometes (E. Dumort.) .   . Cogny, Frontenas, Grange-du-Bois.

Pecten textorius (Schlotheim). , *r*. La Glande.

Pecten texturatus (Goldfuss) . . *r*. La Glande.

Pecten Hehli (d'Orbigny) . . . *r*. Narcel, la Glande, Cogny.

Pecten veyrasensis (E. Dumort.). . *r*. Veyras.

Gryphœa arcuata (Lamarck). . . *r*. La Glande.

Oostrea complicata (Goldfuss) . . La Glande, Marcy, Veyras.

Ostrea . . . . *r*. Marcy.

Rhynchonella variabilis (Schlo- Cogny, la Glande, et presque
theim). . . . . partout.

Serpula socialis (Goldfuss) . . . *cc*. Partout.

Serpula tricristata (Goldfuss) . . *r*. La Glande.

Pentacrinus angulatus (Oppel). . *c*. Partout.

Cidaris. . . . . *traces*. . . *r*. Narcel.

Crustacés . . . . La Glande, Cogny, Veyras.

Cypris liasica (Brodie) . . . . *rr*. Saint-Germain.

Montlivaultia sinemuriensis (d'Or- *cc*. La Glande, Narcel, Saint-Ger-
bigny). . . . . main, Marcy, Cogny.

Montlivaultia crassa (de Ferry). . *r*. Sologny.

Montlivaultia Rhodana ? (de Ferry). *r*. La Glande.

Stylastrea sinemuriensis (de Fromentel) . . . . *r*. La Glande.

Astrocœnia sinemuriensis (de Fromentel) . . . . *r*. Sologny.

Thecosmilia Martini (de From.). Chevagny, la Glande.

Thecosmilia major (de Ferry). . Chevagny-les-Chevrières, Sologny, Burgy.

Isastrœa intermedia (de Ferry). . *r*. Cogny,

Isastrœa excavata (de Ferry). . . *r*. Montmirail.

Neuropora mamillata (de Fromen- ٭ La Glande, Veyras, Ville-sur-
tel). . . . . Jarnioux.

Neuropora socialis (E. Dumort.) . Veyras, Croisée de l'Argentière

Berenicea ? . . . . *r*. La Glande.

Diastopora ? . . . . Veyras, Mâconnais.

Fucoïde . . . . *rr*. Vinezac.

DÉTAILS SUR LES FOSSILES.

Acrodus nobilis (AGASSIZ).

(Planche XVIII, fig. 1 et 2.)

1836. Agassiz. *Rech. sur les poissons fossiles*, 4°, Neuchâtel, vol. III, p. 145, pl. 21.

Dimensions : longueur 40 millim., largeur 13 millim. 1/2.

Cette dent, malheureusement brisée en trois fragments, a conservé son émail et les ornements de la surface d'une manière parfaite et mieux que ne l'indique le dessin. Le sillon étroit, allongé, qui règne dans presque toute la longueur est placé d'une manière peu symétrique et ne laisse, du côté droit, qu'un espace de 4 millim. : vers ce sillon, peu profond, mais très-distinct, toutes les stries transversales viennent converger, sous des angles variés et en s'anastomosant d'une manière curieuse.

Je l'ai trouvée à la carrière de la Glande, dans la partie supérieure de la zone à *Ammonites angulatus*, au-dessus de la couche à *Montlivaultia* et au dessous des premières gryphées.

Localité : La Glande. *rr*.

Explication des figures : Pl. XVIII, fig. 1, dent d'*Acrodus nobilis*, vue par dessus, de grandeur naturelle. Fig. 2. la même, vue par côté. De ma collection.

Ammonites angulatus (SCHLOTHEIM).

(Pl. XIX, fig. 2 et 3.)

1820. Schlotheim. Die Petrefactenkunde. 1. Altheilung S. 70.

Cette Ammonite se trouve partout, sans être nulle part en nombre considérable; elle se montre au nord comme au midi, dans le bassin du Rhône, et de grandeurs variées. La facilité qu'elle offre au géologue, par sa forme tout à fait spéciale, la rend précieuse: en effet, le plus petit fragment en est facilement reconnaissable et devient un guide assuré : cette ammonite mérite donc tout à fait l'honneur de donner son nom à la zone supérieure de l'*infrà-lias* qu'elle caractérise parfaitement et partout.

Parmi le très-grand nombre d'exemplaires que j'ai pu examiner, provenant du bassin du Rhône, je n'en ai jamais rencontré avec les caractères qu'a trouvés d'Orbigny, pour les échantillons de *Pont-Aubert* qu'il donne sous le nom d'*Ammonites moreanus* (*Terrains jurassiques*, vol. 1, pag. 299, pl. 93). Dans ces figures, l'ammonite est très-comprimée et les côtes sont effacées sur les flancs et sur le milieu du dos. Celles de notre infrà-lias sont moins comprimées et les côtes marquées partout, fortement. On trouvera, pl. XIX, fig. 2 et 3, la figure d'un spécimen que j'ai recueilli à Cogny et dont la saillie des ornements est poussée jusqu'à l'exagération. — C'est une forme extrême : en voici la description :

Diamètre (total) 85 millim., épaisseur 20 milllim., largeur du dernier tour 29 millim., largeur de l'ombilic......

Coquille un peu comprimée, un peu plus épaisse contre l'ombilic, ornée de 50 à 55 côtes, très-saillantes, minces, rectilignes jusqu'au quatre cinquièmes du tour, et là s'infléchissant en avant par un contour brusque mais arrondi; formant sur le dos un angle un peu plus petit qu'un angle droit : les côtes, séparées par des sillons arrondis, presque deux fois aussi larges qu'elles-mêmes, s'élèvent de plus en plus en s'éloignant de l'ombilic et s'abaissent un peu seulement sur l'angle qu'elles forment au milieu du dos.

Cette ammonite ne subit presque aucune transformation en grandissant, et, dès le plus jeune âge, porte les mêmes ornements : j'ai sous les yeux un échantillon de la Glande d'un diamètre de 8 millimètres seulement et portant déjà ses côtes sail-

lantes, repliées sur le dos, au nombre de vingt-sept ou vingt-
huit par tour.

Localité : Partout.

Explication des figures : Pl. XIX, fig. 2, Ammonites angulatus, de Cogny, vue de côté, de grandeur naturelle.
Fig. 3, la même, vue du côté du dos. De ma collection.

Ammonites kridion (HEHL).

(Pl. XVIII, fig. 3 et 4.)

1830. Zieten. Die Versteinerungen Wurtembergs, pag. 4, pl. 3,
fig. 2.

Dimensions : diamètre 40 millim., épaisseur 10 millim.,
largeur du dernier tour 10 millim. 1/2, largeur de l'ombilic 23 millim.

Coquille légèrement déprimée, pourvue d'une quille large, obtuse, arrondie, mais non accompagnée de sillons : le dernier
tour porte 26 côtes élevées, étroites, rectilignes, ornées d'un tu-
bercule aigu aux trois quarts de la largeur du tour, puis, de là,
s'infléchissant très-légèrement en avant en s'atténuant pour disparaître tout à fait bien avant d'arriver à la carène. Ce n'est
qu'avec doute que je rapporte cette ammonite à l'*A. kridion* ; la
figure type de Zieten montre des côtes moins nombreuses et
surtout une carène élevée, presque coupante, très-éloignée de la
quille large et obtuse de notre échantillon. — L'enroulement, la
forme et la direction des côtes s'accordent, du reste, assez bien. —
Le dos de l'ammonite figurée pl. XVIII, fig. 3, est régulièrement
convexe et sans sillons ; le dessin marque trop fortement la petite
place lisse contre la carène.

Comparée à l'*Ammonites hettangiensis* de M. Terquem, la
forme du dos s'accorde assez bien, mais le mode d'enroulement

est très-différent : l'*A. hettangiensis* a un nombre de tours plus grand, pour un diamètre égal, et les côtes, qui s'évanouissent sur l'ombilic et avant d'arriver au bord extérieur, sont toutes différentes de celles de notre échantillon.

Cette ammonite a été trouvée à la *Glande*, où je l'ai recueillie dans le calcaire compacte à grains de quartz, et son niveau ne peut pas être contesté : la suite fera voir si c'est une espèce nouvelle, ce qui me paraît probable.

Localité : La Glande. *rr*.

Explication des figures : Pl. XVIII, fig. 4, Ammonite de la Glande, de grandeur naturelle. Fig. 3, la même; vue du côté du dos. De ma collection.

Ammonites bisulcatus (Bruguière).

1789. *Encyclopédie méthodique*, t. I, p. 39.

Il est certain que l'*Ammonites bisulcatus* se trouve dans l'infrà-lias, partie supérieure ou avec l'*Amm. angulatus*, j'en ai plusieurs exemplaires que j'ai recueillis à la Glande et à Saint-Fortunat, dans les couches les plus hautes de cette subdivision. Le calcaire dont ils sont formés ne peut pas laisser le moindre doute sur le niveau, il est garni d'énormes grains de quartz et de débris de cardinie.

Le plus grand spécimen a 10 centimètres de diamètre; sa forme est très-exactement celle de l'échantillon dont d'Orbigny donne le dessin (*Terrains jurassiques*, pl. 43), seulement les sillons paraissent un peu moins profonds.

Il est très-rare de rencontrer l'*Ammonites bisulcatus* à ce niveau, mais j'ai voulu signaler le fait qui pourrait donner lieu à des méprises. Ce fossile est considéré comme le type du lias inférieur : M. Giebel, dans son ouvrage si précieux par les détails qu'il donne sur les ammonites (Fauna der Vorwelt, Cephalopoden,

Seite 726), dit qu'on ne la trouve que dans le lias inférieur dont il est le fossile le plus caractéristique.

Localité : Narcel, la Glande. *r.*

Ammonites lævigatus (Sowerby).

(Pl. XVIII, fig. 5, 6.)

1829. Sowerby. Mineral conchology, pl. 570, fig. 3.

Dimensions : diamètre 12 millim., épaisseur 5 millim., largeur du dernier tour 5 millim.

Coquille arrondie, globuleuse, formée de tours (au nombre de deux), parfaitement ronds, et recouvrant le tour précédent presque à moitié. Je rapporte à l'*Am. lævigatus* (Sow.) cette petite coquille, quoique la nôtre soit un peu plus globuleuse que l'ammonite anglaise; elle pourrait bien être le jeune âge de quelque ammonite costulée, mais il me semble que, dans ce cas, des indices de côte commenceraient déjà à se montrer à ce diamètre. Il n'est pas rare de trouver à la Glande des ammonites plus petites que celle-ci et qui laissent voir fort bien des côtes.

Quenstedt donne le dessin de jeunes ammonites de l'infrà-lias assez semblables (der Jura, pl. 3, fig. 3, 4), mais elles sont plus petites que la nôtre, et en même temps moins globuleuses.

Localité : La Glande. *r.*

Explication des figures : Pl. XVIII, fig. 6, Ammonite de la Glande, de grandeur naturelle. Fig. 5, la même, vue du côté de la bouche. De ma collection.

Melania Zenkeni (Dunker).

(Pl. XIX, fig. 4.)

Dunker. *Palæontographica*, vol. 1, page 118, pl. 18, fig. 1, 2, 3.

Dimensions........

La coquille, sur une longueur de 13 millim., porte 10 tours et paraît se rapporter parfaitement au dessin de Dunker pour les proportions et les ornements : je remarque cependant que les tours ne sont pas régulièrement arrondis dans leur convexité, mais un peu abaissés en arrière et renflés en avant contre la suture.

M. Terquem range dans les turritelles la *Melania Zenkeni*, les coquilles d'Hettange lui ayant fait voir une columelle oblique avec une torsion médiane qui caractérise ce genre. Je suis forcé de replacer notre coquille de l'Ardèche dans les *Melanies*, car mes échantillons, comme on pourra le voir par la figure 4, qui représente un exemplaire offrant une coupe longitudinale, ont la columelle droite qui appartient au mélanies.

Localité : Veyras. *r*.

Explication des figures : Pl. XIX, fig. 4, Melania Zenkeni de Veyras, grossie. Sur le même fragment, un autre exemplaire laissant voir la coupe intérieure. De ma collection.

Littorina clathrata (DESHAYES).

1850. Turbo Philenor, d'Orbigny. *Paléont. franç. jur.*, t. 2, pag. 326, pl. 326, fig. 1.
1854. Terquem. *Littorina clathrata. Paléont. de la prov. de Luxemb.*, pag. 250, pl. XIV, fig. 4, d'après Deshayes.

Cette coquille est le fossile le plus important et le plus généralement répandu de la zone à *Ammonites angulatus*; on la trouve à ce niveau partout, dans le nord comme dans le sud du bassin du Rhône, et cependant il est presque impossible d'en obtenir un bon échantillon entier. Dans l'Ardèche et le Gard, la *Littorina clathrata* est de petite taille; dans le département du Rhône, sa longueur dépasse souvent 40 millim.: c'est la forme indiquée par M. Terquem, sous le nom de variété *Nodosa*, qui domine.

La *Littorina clathrata* ne paraît jamais dans le lias inférieur et serait tout à fait spéciale à la zone, si elle ne se montrait déjà dans l'étage inférieur de l'infrà-lias où elle joue un rôle beaucoup moins important (voyez zone à *Am. planorbis*, page 29); on la retrouve à peu près partout, mais je crois que nulle part elle n'est plus nombreuse et plus développée que dans les grès d'Hettange qui fournissent de très-beaux échantillons.

Localité : Partout. *c.*

Littorina silvestris. Nov. sp.

(Pl. XIX, fig. 7.)

Testâ ovato-oblongâ, conicâ, lœvigatâ, anfractibus subplanis, ultimo spirâ paulò majori, externè rotundato. Umbilico nullo : suturâ impressâ. Aperturâ rotundatâ, productâ.

Dimensions : longueur 14 millim., largeur 7 millim. 1/2, ouverture de l'angle spiral 47°.

Coquille globuleuse, conique, lisse : spire formée d'un angle régulier composée de tours très-peu convexes, sans ornements ; le dernier tour, un peu plus grand que le reste de la coquille, s'arrondit en avant sans carène, suture prononcée ; les tours se recouvrent successivement en gradins ; point d'ombilic ; columelle verticale sans épaississement, et dans l'axe de la coquille.

Cette *Littorina* offre beauoup de ressemblance avec la *Phasianella Morencyana* (Piette). — *Bull. de la Soc. géol.*, 2e série, volume 13, janvier 1856, p. 204, pl. X, fig. 12. Mais tous les tours ne font que se joindre dans cette coquille et ne se recouvrent pas comme dans notre littorine ; d'ailleurs M. Piette dit formellement, bouche acuminée, et son dessin l'indique.

Localité : La Grange-du-Bois.

Explication des figures : Pl. XIX, fig. 7, un morceau de calcaire offrant deux exemplaires de la Littorina sylvestris.

grossis au double (l'avant dernier tour est un peu trop petit dans le dessin). De ma collection.

Turritella Dunkeri (TERQUEM).

(Pl. XX, fig. 1.)

1854. Terquem. *Paléont. de la prov. de Luxemb.*, p. 252, pl. XIV, fig. 5.

Le fragment dessiné pl. XX, fig. 1, appartient à une coquille qui aurait, étant entière, 13 millim. de longueur sur un diamètre de 4 millim. 1/2; malheureusement le dessin a été manqué, ce que je regrette d'autant plus que l'échantillon était admirablement bien conservé. Les tours sont trop raccourcis et les ornements défigurés, on fera donc mieux de ne pas tenir compte de la figure. — La *Turritella Dunkeri* porte 5 à 6 côtes inégales en long, croisées par des stries transveres, fines et serrées, qui donnent la forme du labre externe, comme le dit M. Terquem; indépendamment des stries verticales figurées, il y en a plusieurs, bien plus fines, entre chacune d'elles et visibles seulement à la loupe; les points d'intersection des côtes avec les stries produisent une petite nodosité. Cette coquille est très-répandue dans le bassin du Rhône, et serait plus utile pour caractériser la zone supérieure de l'infrà-lias, si elle conservait plus souvent ses ornements.

Localité : la Glande, Narcel, Uzer, la Grange-du-Bois.

Explication des figures : Pl. XX, fig. 1, T. Dunkeri, de la Glande, fragment grossi 4 fois. De ma collection.

Turritella aurea. Nov. sp.

(Pl. XIX, fig. 1.)

Testâ elongatâ, spirâ angulo 7° : anfractibus convexis, li-

neis inæqualibus longitudinaliter adornatis, ad suturam vali-
dius notatis.

Dimensions : longueur totale d'après l'angle 17 millim.,
diamètre 2 millim. 1/2, ouverture de l'angle spiral 7°,
dernier tour 12/100 de la longueur totale.

Coquille allongée : spire formée d'un angle régulier, composée de
tours convexes un peu moins hauts que le diamètre, portant 7
à 8 lignes longitudinales, irrégulières et peu distinctes; celles
qui touchent la suture en haut et en bas des tours sont plus apparentes. Suture bien marquée.

Cette turritelle a quelques rapports ave la *T. Glandulæ* (voir
plus loin), mais elle ne peut se confondre avec elle; ses tours
sont beaucoup plus élevés et ne portent point comme celle-ci de
bourrelets verticaux.

Localité : La Glande. *rr.*

Explication des figures : Pl. XIX, fig. 1, fragment de Turritelle de la Glande, portant 5 tours, grossi 3 fois. De ma
collection.

Turritella chorda. Nov. sp.

(Pl. XX, fig. 2.)

Testá elongatá, cylindraceá ; spirá angulo 6° : anfractibus
complanatis longitudinaliter 6 lineatis : ad suturam vix dis-
junctis : apertura.....

Dimensions : longueur totale d'après l'angle 18 millim.,
diamètre 2 millim. 1/2.

Coquille allongée, presque cylindrique : spire formée d'un angle régulier composée de tours plats, sans aucune saillie, marqués en long de six lignes égales et également espacées (le dessin
n'en indique que cinq): les tours sont séparés par une légère

suture qui est à peine plus marquée que la petite dépression qui
sépare les lignes spirales d'ornement ; il en résulte qu'il faut
une certaine attention pour distinguer les tours et reconnaître
leur séparation ; cette disposition des ornements et la forme presque cylindrique de la coquille, donnent à cette turritelle un aspect singulier et qui permet de la reconnaître à l'aide du plus
petit fragment.

Localité : La Glande. *rr*.

Explication des figures : Pl. XX, fig. 2, fragment de la
T. chorda montrant 9 tours, grossi 4 fois. De ma collection.

Turritella nucleus. Nov. sp.

(Pl. XX, fig. 4.)

Testâ elongato-conicâ, lœvigatâ : apice acuminato, anfractibus 9, convexis, globulosis, suturâ penitus distinctis,
aperturâ.....

Dimensions : longueur 13 millim. 1/2, diamètre 4 millim. 1/2,
hauteur relative du dernier tour 34/100, ouverture de
l'angle spiral 19°.

Coquille allongée un peu conique : spire formée d'un angle régulier, composée de 9 à 10 tours ronds, globuleux, tout à fait lisses et grandissant dans une proportion assez grande ; les tours,
en forme de boules, sont profondément séparés par la suture qui
est simple. Le dernier tour porte, en avant, un angle à peine
indiqué et laisse apercevoir, à l'aide de la loupe, de faibles stries
d'accroissement.

Cette turritelle, par ses tours lisses, arrondis et profondément
séparés, présente tout à fait l'aspect d'un moule intérieur, et l'on
pourrait s'y tromper si la coquille, parfaitement conservée, ne
laissait reconnaître son test de manière à ne permettre aucun
doute.

Localité : Cogny. *r.*

Explication des figures : Pl. XX, fig. 4, coquille de Cogny. grossie 2 fois. De ma collection.

Turritella Martini. Nov. sp.

(Pl. XVIII, fig. 7 et 8.)

Testâ elongatâ, conicâ, anfractibus levissimè convexis, in medio subangulatis, ad suturam postice lineatis et paululum excisis. — Costis 11 obliquè transversis, adornatis, in ultimis anfractibus vix perspicuis. Aperturâ rotundatâ, permagnâ.

Dimensions : longueur totale d'après l'angle 26 millim., diamètre 5 millim., hauteur du dernier tour 19/100, ouverture de l'angle spiral 8°.

Coquille très-allongée : spire formée d'un angle régulier composée de tours assez larges et légèrement convexes, portant au milieu un angle saillant à peine visible, et en arrière contre la suture, une ligne et un petit méplat; suture bien marquée : les premiers tours sont ornés de 8 à 11 côtes transversales, un peu inclinées en avant, et qui s'atténuent graduellement de manière à disparaître tout à fait sur les derniers. Le dernier tour porte en dehors une carène arrondie et des stries d'accroissement assez fortement marquées; bouche grande, arrondie.

Le changement d'aspect, que subit cette turritelle en grandissant, est tel qu'il serait impossible, en trouvant deux tronçons appartenant l'un au côté antérieur et l'autre au côté postérieur, de penser qu'ils viennent de la même coquille. Elle a quelques rapports de forme avec la *T. grandulæ* (voir plus loin), mais ses tours sont beaucoup plus élevés que ceux de celle-ci, et d'ailleurs la *T. glandulæ* porte 6 lignes longitudinales. On remarquera que le côté de la coquille, visible sur la fig. 8, porte, sur le cinquième tour, une petite articulation du *Pentacrinus angulatus*.

Localité : La Glande, *r*.

Explication des figures : Pl. XVIII, fig. 7 et 8, fragment de Turritella Martini, tronqué du côté du sommet et grossi 2 fois. De ma collection.

Turritella glandulæ. Nov. sp.

(Pl. XX, fig. 3.)

Testâ elongatâ, subcylindraceâ, anfractibus angustatis, convexiusculis, longitudinaliter sex-lineatis, 8 vel 10 lineis nodulosis transversim ornatis. Aperturâ rotundatâ.

Dimensions : longueur totale donnée par l'angle 17 millim., diamètre 2 millim. 1/4, hauteur des tours à peu près la moitié du diamètre, ouverture de l'angle spiral 6°.

Coquille très-allongée, presque cylindrique : spire formée d'un angle régulier, composée de tours peu élevés, légèrement convexes, portant 6 lignes longitudinales, égales, moins marquées sur le milieu des tours : suture peu profonde : les deux derniers tours ne laissent apercevoir aucun autre ornement, mais les précédents sont ornés, de plus, de nodosités transversales irrégulières, d'abord à peine indiquées, mais qui, dans les tours qui se rapprochent du sommet, deviennent des bourrelets de plus en plus marqués; l'ouverture est plus ronde que ne l'indique le dessin.

Le seul échantillon que j'ai pu recueillir de cette espèce n'est pas entier, mais il est d'une très-belle conservation; il est attaché sur une valve de cardinie que j'ai rapportée de la carrière de la *Glande*.

Localité : la Glande. *rr*.

Explication des figures : Pl. XX, fig. 3, fragment de la Turritella glandulæ, montrant 7 tours, grossi 4 fois. De ma collection.

Rissoa Liasina (Dunker).

Dunker. *Palæontographica*, vol. 1, pag. 108, pl. XIII, fig. 11 *a b*.

Dimensions : longueur 6 millim., diamètre 3 millim.

Coquille courte, conique : spire formée d'un angle régulier composée de 6 à 7 tours subconvexes, ornés en travers, de 9 à 11 côtes verticales, lisses, bien nettes, qui se prolongent jusqu'à la suture et sont séparées par des intervalles plus larges qu'elles-mêmes. — Ces côtes sont très-peu marquées sur le dernier tour. Bouche....

L'échantillon que j'ai recueilli à la Glande et qui est fort-bien conservé, a malheureusement la bouche à moitié engagée dans le calcaire : la forme, les ornements et la grandeur s'accordent, du reste, parfaitement avec la *Rissoa* d'Halberstadt.

Localité : La Glande. *r*.

Chemnitzia Poleymiaca. Nov. sp.

(Pl. XVIII, fig. 9.)

Testâ turritâ conicâ, anfractibus subplanis, 12-14 costellis paululum obliquis transversim adornatis. ad suturam supernè et infrà prominentibus, aperturâ rotundatâ.

Dimensions : longueur 6 millim., diamètre 2 millim. 1/4. hauteur relative du dernier tour 21/100, ouverture de l'angle spiral 13°.

Très-petite coquille allongée, conique : spire formée d'un angle régulier composée de 9 tours, presque plats, très-légèrement convexes, ornés de petites côtes verticales très-nettes, régulière, un peu obliques en avant, au nombre de 12 à 14 par tour ; ces côtes paraissent dépasser un peu la largeur du tour en haut et en bas et venir se croiser sur la suture qui est bien marquée : le sommet est un peu obtus et les trois premiers tours lisses : bouche arrondie; le dernier tour semble arrondi et sans ornements en avant.

Cette charmante petite espèce ne peut être confondue avec aucune autre, si ce n'est avec la *Melania Blainvillei* (Münst. in Goldfuss), *Petrefacta*, page 112, pl. CXCVIII, fig 9, du calcaire liasique de Banz, mais les côtes de cette dernière sont droites et paraissent s'atténuer en arrivant à la suture.

Localité : La Glande. *rr*.

Explication des figures : Pl. XVIII, fig. 9. Chemnitzia de la Glande, grossie 6 fois. De ma collection.

Orthostoma gracile (J. MARTIN).

(Planche XX, fig. 11.)

1860. J. Martin. *Paléont. stratig. de l'infrà-lias*, page 71, pl. 1, fig. 17, 18.

L'*Orthostoma gracile* est assez commun dans le bassin du Rhône, c'est l'espèce de ce genre (un des plus caractéristique pour le niveau de l'*Ammonites angulatus*) la moins rare dans nos contrées; cette coquille dépasse quelquefois de beaucoup la taille indiquée dans le mémoire de M. J. Martin. L'échantillon que j'ai fait dessiner, pl. XX, fig. 11, mesure 17 millim. 1/2 de longueur et montre 7 tours de spire.

Localité : La Glande, Cogny, Anse, Veyras.

Explication des figures : Pl. XX, fig. 11. coquille de la Glande, grossie 3 fois. De ma collection.

Orthostoma cylindrata. Nov. sp.

(Pl XX, fig. 10.)

Testâ ovato-cylindraceâ conicâ, nitidâ, teneris lineis longi tudinaliter undique sulcatâ : spirâ exsertâ, acutâ, anfractibus posticè angulatis, complanatis, ultimo spirâ longiore , columellâ paululum incrassatâ, reflexâ.

Dimensions : longueur 15 millim., diamètre 6 millim., hauteur du dernier tour 63/100.

Coquille oblongue, cylindrique, subscalaire à sommet aigu : spire formée d'un angle régulier composée de 7 tours aplatis et repliés à angle obtus : surface brillante, ornée partout de petits sillons réguliers, très-nets, séparés par une distance double de surface lisse, et également espacés partout : les 2 derniers tours seulement retombent sur les tours précédents par un angle brusque, les autres, en se rapprochant du sommet, sont arrondis sur l'angle (ce détail a été manqué sur le dessin).

Le dernier tour, plus grand que le reste de la coquille, est cylindrique et présente en haut et en bas un angle bien marqué : bouche longue, étroite, projetée en avant par un contour arrondi (le contour anguleux du dessin provient de brisures), labre interne, réfléchi et encroûtant la columelle sur toute sa hauteur.

Cette jolie espèce a des caractères fort tranchés et ne peut se confondre avec aucun autre *Orthostoma*. — Elle présente quelque analogie avec la *Tornatella angulifera* (J. Martin), mais cette dernière est beaucoup moins élancée et moins anguleuse.

Localité : La Glande. *rr.*

Explication des figures : Pl. XX, fig. 10, Orthostoma cylindrata de la Glande. grossi 3 fois. De ma collection.

Orthostoma scalaris. Nov. sp.

(Pl. XX, fig. 12.)

Testâ ovatâ, conicâ, lævigatâ, anfractibus acutè gradatis, posticè unicinctis, alibi lævibus : aperturâ ovatâ, anticè rotundatâ columellâ vix incrassatâ.

Dimensions : longueur 10 millim. 1/2, diamètre 5 millim., dernier tour 58/100 de la grandeur totale.

Coquille ovale, allongée, unie : spire formée d'un angle régulier composée de 7 tours coupés à angle droit en arrière et maintenant cette forme jusqu'à l'extrémité de la spire : les tours sont bordés, près de l'angle, par une strie ou plutôt par un petit sillon, le reste de la coquille est lisse.

Ouverture étroite en arrière, très-arrondie en avant; columelle très-légèrement encroûtée; le dernier tour est plus grand que le reste de la coquille.

Si l'on compare l'*Orthostoma scalaris* à l'*Orthostoma avena* (Terquem), qui a beaucoup de rapport avec lui pour la forme des tours, on verra que la coquille d'Hettange est beaucoup plus élancée, plus cylindrique, et la bouche d'une forme différente.

Localité : La Glande, Grange-du-Bois. *r.*

Explication des figures : Pl. XX, fig. 12, Orthostoma scalaris de la Glande, grossie 4 fois. De ma collection.

Neritopsis archiaci. Nov. sp.

(Pl. XVIII, fig. 12, 13, 14.)

Testâ rotundatâ, transversâ, cancellatâ, spirâ brevi, anfractibus convexis, longitudinaliter, 4-5 lineatis, transversim costis rotundatis, prominentibus ornatis; aperturâ rotundâ, permagnâ.

Dimensions : longueur 4 millim. 1/4, diamètre 6 millim.

Très-petite coquille globuleuse, transverse, très-faiblement ombiliquée : spire très-courte, composée de deux tours convexes, croissant très-rapidement et dont le dernier forme presque toute la coquille : ces tours sont ornés, en long, de 4 à 5 lignes peu saillantes, équi-distantes, et de nodosités transverses, arrondies, formant des côtes régulières, très-volumineuses pour la petite taille de la coquille, au nombre de 9 par tour.

Les tours, arrondis en avant, sont coupés verticalement en arrière, et présentent contre la suture un méplat uni prononcé, en tombant, perpendiculairement à l'axe, sur le tour précédent. La bouche est grande, plus grande que la figure 13 ne l'indique, le dessinateur ayant, pour cette figure, placé la coquille obliquement. Bord columellaire un peu épaissi et renversé seulement en bas.

Je pensais pouvoir réunir ce *Neritopsis* au *N. exigua* de M. Terquem ; mais les ornements indiqués dans la la coquille d'Hettange ne permettent pas ce rapprochement, qui paraît au premier coup d'œil si naturel. Ce fossile, merveilleusement conservé et dégagé du calcaire, permet de saisir les moindres détails.

Ainsi, nous connaissons déjà deux *Neritopsis* de la zone à *Am. angulatus*, provenant tous deux de couches qui ne présentent aucune incertitude sur leurs niveaux.

Localité : La Glande. *r*.

Explication des figures : Pl. XVIII, fig. 12, Neritopsis archiaci de la Glande, grossi 4 fois. Fig. 13, le même, vu du côté de la bouche. Fig. 14, le même, vu du côté de la spire. De ma collection.

Trochus nudus (Munster in Goldfuss).

(Pl. XIX, fig. 5.)

Goldfuss. *Petrefacta*, page 54, pl. CLXXX. fig. 1.

Dimensions : longueur 5 millim. 1/4, diamètre 4 mill. 3/4.

Petite coquille conique, lisse : spire formée d'un angle régulier, composée de 5 tours arrondis, convexes, sans aucun ornement : suture bien marquée : la forme, comme on pourra le voir, est rigoureusement celle de la figure donnée par Goldfuss, du

Trochus provenant du lias de *Thetâ*, près de *Baireuth*. Je ne puis
pas apercevoir l'ombilic sur mon échantillon, trop fortement
engagé dans le calcaire, mais cependant on y distingue fort bien
la présence d'une très-forte callosité.

Ce Trochus reparaît dans le lias moyen supérieur du bassin du
Rhône, dans la zone caractérisée par le *Pecten œquivalvis* et la
Gryphœa gigantea (Sowerby), comme nous le verrons plus loin.
Je crois cependant qu'il faudrait recueillir des échantillons plus
nombreux et plus complets d'une coquille aussi petite et aussi
difficile à reconnaître, avant d'affirmer ce passage.

Localité : Cogny, la Glande, Grange-du-Bois.

Explication des figures : Pl. XIX, fig. 5, *Trochus nudus*
de la Grange-du-Bois, grossi 4 fois. De ma collection.

Trochus granum. Nov. sp.

(Pl. XX , fig. 15 et 16.)

*Testâ ovato-globulosâ, conicâ, imperforatâ, cancellatâ, anfrac-
tibus convexis, 18 costis transversim ornatis, cingulis ternis
longitudinaliter decussatis ; aperturâ rotundatâ.*

Dimensions : longueur 3 millim., largeur 2 millim. 1/3,
hauteur proportionnelle du dernier tour 50/100, ouverture de l'angle spiral 80°.

Très-petite coquille globuleuse, allongée, non ombiliquée ou
montrant un faible indice d'ombilic. Spire formée d'un angle
convexe, composée de 5 tours très-convexes, ornés en long de
trois lignes saillantes, équidistantes, croisées par d'autres lignes,
de même dimension, au nombre de 18 à 20 par tour; du croi-
sement de ces lignes résulte une foule de petits creux, ou de petites alvéoles de forme carrée, assez profondes et régulières.

Le dernier tour, arrondi en avant, porte 5 lignes saillantes,

9

équidistantes et séparées par un intervalle égal à elles-mêmes; bouche ronde; très-légère callosité sur l'ombilic.

Les ornements, soit de la spire, soit du dernier tour, sont tellement semblables à ceux du *Trochus doris* (Goldfuss), que j'avais d'abord rapporté notre coquille à cette espèce; mon ami **M. J.** Martin a commis la même erreur bien facile à expliquer, car il s'agit de deux fossiles de la taille d'un grain de chenevis; quoi qu'il en soit, malgré l'analogie des ornements, la forme est trop différente pour réunir les deux espèces : le *Trochus granum*, pour une hauteur égale, a un diamètre presque de moitié plus petit que le *Trochus doris*, d'ailleurs les tours de ce dernier sont anguleux et la bouche très-déprimée.

J'ignore si les échantillons de Bourgogne se rapprochent du dessin de Goldfuss, mais il est certain que le nôtre est fort différent; nous sommes donc forcés d'effacer le *Trochus doris* de notre liste.

Localité : La Glande. *r.*

Explication des figures : Pl. XX, fig. 15, Trochus granum de la Glande, grossi 10 fois. Fig. 16, le même, vu par dessus. De ma collection.

Trochus bellijocensis. Nov. sp.

(Pl. XVIII, fig. 15 à 18.)

Testâ trochiformi, depressâ, umbilicatâ, longitudinaliter tenuissimè striatâ, anfractibus depressis, posticè carinatis, post carinam subconcavis ; aperturâ rotundatâ, intus incrassatâ.

Dimensions : longueur 4 millim., diamètre 5 millim., ouverture de l'angle spiral 96°.

Petite coquille conique, déprimée, moins haute que large, ombiliquée : spire formée d'un angle régulier composée de

4 tours, portant au milieu et un peu en arrière un angle prononcé; à partir de cet angle les tours rejoignent le tour précédent par un plan droit presque un peu concave. — La coquille
est entièrement couverte de stries longitudinales régulières et
très-fines, visibles seulement à la loupe; le dernier tour, arrondi
en dessus, est orné des mêmes stries.

Bouche ronde, un peu déprimée; le bord columellaire, malheureusement brisé dans l'échantillon, présente une forte callosité et laisse voir un très-petit ombilic.

Localité : Cogny. *rr*.

Explication des figures : Pl. XVIII, fig. 15 à 18, Trochus
de Cogny, vu dans 4 positions différentes, grossi 4 fois. De
ma collection.

Trochus bardus. Nov. sp.

(Pl. XVIII, fig. 19 à 22.)

*Testâ conicâ, inflato-carinatâ, anfractibus convexiusculis,
lævigatis, ultimo permagno, angulato : aperturâ rotundatâ,
umbilico calloso, clauso.*

Dimensions : longueur 4 millim., diamètre 4 millim., hauteur relative du dernier tour 54/100, ouverture de l'angle spiral 70°.

Très-petite coquille globuleuse, lisse, trapue : spire formée d'un
angle un peu convexe, composée de trois tours aussi un peu convexes, dont le dernier est un peu plus grand que le reste de la
coquille : suture bien marquée : sommet très-obtus, presque
tronqué; le dernier tour se replie en avant par un angle assez
marqué, puis s'arrondit en s'abaissant vers l'ombilic, qui est oc-
cupé par une forte callosité : bouche ronde légèrement déprimée :
ce petit trochus, parfaitement conservé, a un faciès lourd, gauche
très-curieux.

Localité : La Glande. *r.*

Explication des figures : Pl. XVIII, fig. 19 à 22, Trochus de la Glande, vu dans quatre positions différentes, grossi 5 fois. De ma collection.

Trochus Berthaudi. Nov. sp.

(Pl. XX. fig. 8 et 9.)

Testâ conicâ, turritâ, imperforatâ, anfractibus subconvexis anticè carinatis, posticè geminâ margaritarum serie cingulatis ; aperturâ rotundâ, depressâ, columellâ percallosâ.

Dimensions : longueur 8 millim., diamètre 5 millim., hauteur relative du dernier tour 40/100, ouverture de l'angle spiral 40°.

Coquille conique, allongée, avec un très-faible indice d'ombilic : spire formée d'un angle régulier composée de 8 tours droits ou très-peu convexes, ornés de deux rangées de petites perles, et en avant d'une carène finement striée : suture profonde et bien marquée ; le dernier tour est arrondi et couvert de lignes saillantes concentriques, séparées par des intevalles qui vont en diminuant à partir du bord de la coquille : ces intervalles sont couverts de très-fines stries rayonnantes, bien marquées et régulières.

La bouche est arrondie ; sur la columelle on remarque une forte callosité oblique formant une grosse dent saillante.

Ce *Trochus* a beaucoup de rapport avec le *T. trimonile* (d'Orbigny), de *Fontaine-Étoupefour* ; mais ce dernier, dont les ornements diffèrent un peu du nôtre, en est surtout éloigné par la forme de la bouche et sa columelle simple, dépourvue de l'énorme callosité qui caractérise celui de *Poleymieux.*

Localité : La Glande : ce charmant petit *Trochus*, d'une conservation parfaite, paraît fort rare.

Explication des figures : Pl. XX, fig. 9, Trochus Berthaudi grossi 4 fois. Fig. 8, le même, vu par dessus. De ma collection.

Trochus alatus. Nov. sp.

(Pl. XX, fig. 13 et 14.)

Testâ globosâ, depressâ, imperforatâ, anfractibus convexis, nitidulis, transversim lineis subtilissimis, quamvis distantibus, ornatis; aperturâ latâ, rotundatâ, umbilico calloso, obliquè elato.

Dimensions : hauteur totale 7 millim., diamètre 6 millim., hauteur relative du dernier tour 65/100, ouverture de l'angle spiral 98°.

Coquille globuleuse, un peu plus longue que large, non ombiliquée; spire formée d'un angle régulier, composée de 4 tours arrondis, convexes, brillants, ornés de fines lignes transverses, régulières, assez espacées, mais visibles seulement à la loupe; ces lignes se portent un peu en arrière et s'arrondissent sur les flancs.

Le dernier tour est arrondi et porte partout les mêmes ornements : suture très-marquée : coquille épaisse pour sa petite taille; bouche arrondie, oblique; le bord columellaire porte une énorme expansion oblique, présentant sur le même plan que l'ouverture de la coquille une surface au moins égale à celle-ci : cette surface est fortement évidée au dessus du point qui représente l'ombilic; cette expansion est épaisse et se rattache, en arrière, au dessus du dernier tour, par une forte base qui empâte la moitié de la largeur du tour : c'est une véritable crête qui va du sommet de la bouche en s'arrondissant, je ne connais rien qui puisse être comparé à cette forme singulière : on peut dire qu'ici, à l'inverse de ce qui se produit chez les *Pterocera* ou les *Rostellaria*, c'est le bord columellaire qui se développe en forme d'aile.

Localité : Saint-Germain. *rr*.

Explication des figures : Pl. XX. fig. 13, Trochus alatus, vu du côté de la bouche et grossi 4 fois. Fig. 14, le même, vu par dessus. De ma collection. Malheureusement le dessin de ces deux figures a été complétement manqué : je le regrette doublement, à cause de l'intérêt particulier que présente l'espèce.

Turbo Philemon (D'ORBIGNY).

1850. D'Orbigny. *Paléont. franç. Jurassique*, t. 2, p. 327, pl. 326, fig. 2 et 3.

Dimensions : hauteur 2 millim., diamètre 3 millim. 1/2.

L'échantillon figuré par d'Orbigny est très-petit et ne représente exactement qu'une partie de la coquille. — Les spécimens que j'ai sous les yeux me fournissent quelques détails de plus : ce *Turbo*, dépourvu d'ornements, porte cinq tours lisses, dont le dernier est de beaucoup plus grand que le reste de la spire; indépendamment des deux carènes qui rendent ces tours carrés en dehors, ils sont munis en arrière d'un petit ressaut qui touche la suture et vient reposer contre la partie verticale du tour précédent; le sommet est un peu obtus.

Le dernier tour est arrondi et lisse en dessus, la bouche arrondie et oblique : le bord columellaire s'élargit en formant un calus et laisse voir un très-petit ombilic.

Localité : Narcel, la Glande, Veyras.

Turbo triplicatus (J. MARTIN)

(Pl. XX, fig. 5 et 6.)

1860. J. Martin. *Paléont. de l'infrà-lias*, pag. 73, pl. 1, fig. 37 et 38.

Le *Turbo triplicatus* n'est pas très-rare à *Cogny* et à la *Glande*, mais il varie un peu dans sa forme et ses ornements. L'échantillon figuré pl. XX, fig. 5 et 6, est remarquable par la saillie de sa carène crénelée, bien plus prononcée ici que sur la coquille figurée par M. Martin.

Localité : La Glande, Cogny.

Explication des figures : Pl. XX, fig. 5, Turbo triplicatus de la Glande, grossi 4 fois. Fig. 6, le même, vu par dessus. De ma collection.

Turbo elegans (Munster in Coldfuss).

(Pl. XVIII, fig. 10.)

Goldfuss. *Petrefacta*, p. 95, pl. CXCIII, fig. 10 *a*, *b*.

Dimensions : hauteur 7 millim., diamètre 5 millim. 1/2.

L'échantillon dont on trouvera le dessin, pl. XVIII, fig. 10, compte six tours : la forme et les ornements s'accordent dans tous les détails avec ceux de la coquille du lias de Banz, décrite par Goldfuss, sous le nom de *Turbo elegans*.

Localité : La Glande. *r*.

Explication des figures : Pl. XVIII, fig. 10, Turbo elegans, grossi 4 fois. De ma collection.

Turbo Ferryi. Nov. sp.

(Pl. XIX, fig. 6.)

Testâ ovato-oblongâ, globulosâ, conicâ, anfractibus convexis, longitudinaliter 7 cingulatis, intermediis subtilissimé striis transversalibus ornatis : ultimo anfractu dimidiam testæ partem ferè occupante.

Dimensions : longueur 13 millim., diamètre 8 millim., ouverture de l'angle spiral 60°.

Coquille plus longue que large, conique : spire formée d'un angle régulier composée de 6 tours convexes, portant 7 petites carènes longitudinales dont la principale est aux deux tiers en avant de la suture : les intervalles sont couverts partout de lignes verticales très-régulières. La carène placée à la partie inférieure de chaque tour devient un peu tuberculeuse, tandis que les autres sont à peine granulées. — Suture très-profonde et distincte : le dernier tour arrondi en dehors est couvert de lignes spirales serrées entre lesquelles paraissent les mêmes stries transverses. Ce tour paraît être aussi grand que le reste de la coquille.

Le *Turbo Dunkeri* (Goldfuss, *Petrefacta*, pag. 95, pl. CXCIII, fig. 11) a beaucoup de ressemblance avec le nôtre ; mais cette coquille, qui vient, d'après Goldfuss, du lias de *Grœtz* et de *Banz*, est d'une forme générale différente : l'angle spiral y est bien plus ouvert, et, quoique les ornements présentent le même type, on remarque que dans chaque tour il n'y a que 3 carènes au dessous de la carène principale, tandis que dans notre *Turbo* il y en a cinq. Le *Turbo elegans*, représenté sur la même planche, de *Goldfuss*, fig. 10, se rapproche du nôtre pour la forme, mais il s'en éloigne encore plus par ses ornements.

Localité : Ville-sur-Jarnioux, au dessus du hameau de *Peineau. r.*

Explication des figures : Pl. XIX, fig. 6, Turbo Ferryi, grossi 2 fois. De ma collection.

Pleurotomaria principalis (CHAPUIS et DEWALQUE).

(Pl. XXV, fig. 1 et 2.)

1851. Chapuis. et Dewalque. *Descript. des foss. du Luxembourg*, p. 94. pl. XIII, fig. 2.

Dimensions : hauteur 30 millim., diamètre 32 millim., ouverture de l'angle spiral 72°.

Ce beau Pleurotomaire se rapproche beaucoup par ses ornements du *Pl. princeps* de *Koch* et *Dunker* (Versteinerungen des Norddeutschen Oolith Gebildes, S. 26, pl. 1, fig. 18), du lias moyen; il s'en rapproche aussi par son ombilic, mais sa forme est moins élancée. Il me paraît mieux s'accorder avec le *P. principalis* du lias inférieur de *Jamoigne* : je remarque que l'ornementation de l'angle supérieur du dernier tour n'est pas semblable dans les figures 2 *a* et 2 *b* de MM. Chapuis et Dewalque, c'est leur figure 2 *b* qui s'accorde pour ce détail avec notre Pleurotomaire; l'ombilic, très-largement ouvert, est bien semblable; pourtant, dans nos exemplaires, les stries rayonnantes qui croisent les lignes concentriques sont plus fortement marquées, surtout à l'entrée de l'ombilic.

Le *Pleurotomaria princeps* de Koch et Dunker n'est pas du niveau de notre zone, mais il appartient au lias moyen.

Localité : La Glande, Cogny, Frontenas.

Explication des figures : Pl. XXV, fig. 2, Pleurotomaria de la Glande, de grandeur naturelle. Fig. 1, le même, vu par dessus. De ma collection.

Pleurotomaria anglica (Defrance).

(Pl. XXV, fig. 4.)

1826. Defrance. *Dict. des sc. nat.*, t. XLI, p. 382.

Ce Pleurotomaire est très-abondant dans tous nos gisements, mais il est presque impossible d'obtenir autre chose que des fragments : il n'est pas rare de rencontrer des échantillons qui offrent de très-beaux détails des ornements extérieurs. Je remarque que la bande du sinus est ordinairement plus large que celle indiquée dans la figure de d'Orbigny (*Paléont. franç. jurassique,*

v. 2, p. 346). Le morceau dont je donne le dessin pl. XXV, fig. 4,
peut donner une idée des proportions. Ce fragment, grossi deux
fois, appartient à un Pleurotomaire à peu près de même taille
que l'échantillon de d'*Orbigny* : la bande mesure 3 millim. et elle
est placée au milieu des tours ; sur cette bande il y a une forte
carène arrondie, non pas au milieu de la bande, mais aux deux
tiers inférieurs.

Localité : Partout.

Explication des figures : Pl. XXV, fig. 4, fragment d'un
tour de Pleurotomaria anglica de la Glande, grossi deux fois.
De ma collection.

Cerithium verrucosum (Terquem).

(Pl. XVIII. fig. 11, et pl. XXV, fig. 3.)

1854. Terquem. *Paléont. de la prov. de Luxembourg*, page 277,
pl. XVII, fig. 9.

Dimensions : longueur 45 millim., diamètre 14 millim.,
hauteur relative du dernier tour 35/100. ouverture de
l'angle spiral 13°.

Après la *Melania clathrata*, c'est, je pense, le gastéropode le
plus important de la zone à *Ammonites angulatus*. — Le *Cerithium verrucosum* se rencontre souvent dans nos couches ; sa
taille est moindre que dans le grès d'Hettange où il est si abondant. Tantôt son angle spiral est régulier, même un peu convexe, et les tours peu évidés comme dans l'exemplaire dont on
trouvera le dessin pl. XVIII, fig. 11, rapporté de la Glande ; tantôt
l'angle est légèrement concave et les tours évidés en arrière,
comme dans celui figuré pl. XXV, fig. 3, trouvé par moi à
Marcy.

Il me semble aussi que l'ouverture de l'angle spiral n'est pas
toujours le même : ainsi l'on trouvera, pl. XX, fig. 7, un fragment

dont l'angle spiral est très-ouvert et les nodosités très-peu marquées. Je ne suis pas certain que l'on puisse réunir ce fragment au *C. verrucosum*. — Il vient de la Glande, je ne le donne que comme renseignement ; en résumé cette espèce paraît, dans le bassin du Rhône, des plus variables, tout en restant toujours de grande taille.

Localité : La Glande, Marcy, Cogny.

Explication des figures : Pl. XVIII, fig. 11, coquille de la Glande, grandeur naturelle. Pl. XXV, fig. 3, autre de Marcy. Pl. XX, fig. 7, fragment douteux de la Glande. De ma collection.

Cerithium Etaleuse (PIETTE).

(Planche XIX, fig. 9, et 10.)

1856. Piette. *Bulletin de la soc. géol. de France*, 2ᵉ série, t. 13, p. 203, pl. X, fig. 5.

Dimensions : longueur 10 millim., diamètre 2 millim. 1/2, longueur relative du dernier tour 40/100, ouverture de l'angle spiral 14°.

Coquille petite, allongée : spire formée d'un angle régulier composée de 10 tours légèrement convexes, portant 5 à 7 grosses côtes lisses verticales, qui traversent le tour et même souvent le dépassent un peu en venant se projeter en avant sur la suture : ces côtes se correspondent quelquefois régulièrement d'un tour à l'autre, comme on peut le voir à l'échantillon figuré pl. XIX, fig. 10 ; d'autres fois elles sont disposées d'une manière indépendantes par rapport aux tours qui précèdent et qui suivent (voir la fig. 9 de la même planche) : cette dernière variété est plus commune que l'autre. Les côtes paraissent plus développées et plus saillantes en avant : le dernier tour s'arrondit en dessus en formant une base obtuse ; je n'ai jamais pu apercevoir d'au-

tres ornements ; la coquille paraît lisse et presque brillante : la
bouche est ronde.

La figure que donne M. Piette, s'accorde bien avec nos échantillons et le niveau également, puisqu'il a recueilli ce fossile
sur les grès d'Etales.

M. Terquem donne le dessin (*Paléont. des grès de Luxemb.*,
pl. XIV, fig. 15) d'un fragment qui se rapporte très-probable-
ment au *C. Etalense ;* mais par erreur, sans doute, la légende
porte *Cerithium gratum.*

Ce *Cerithium* n'est pas rare dans les couches à *Ammonites
angulatus* du bassin du Rhône, et je le regarde comme important malgré sa petite taille, car les fragments ne peuvent pas se
confondre, même lorsqu'ils sont dans un mauvais état de conservation, et peuvent guider l'observateur, puisque l'espèce est caractéristique.

Localité : Narcel, la Glande, Uzer, Montmirail.

Explication des figures : Pl. XIX, fig. 9, Cerithium Etalense
de *Narcel*, grossi. Fig. 10, le même, de la Glande, grossi. De
ma collection.

Cerithium Berthaudi. Nov. sp.

(Pl. XIX, fig. 8.)

*Testá conicá, turritá, anfractibus carinatis, gradatis, ad
carenam plicis nodosis ornatis, ad suturam posticè margari-
tatis : aperturá rotundatá, depressâ : suturâ profondâ.*

Dimensions : longueur 11 millim., diamètre 5 millim., hauteur relative du dernier tour 44/100, ouverture de l'angle
spiral 25°.

Coquille courte, conique : spire formée d'un angle régulier
composée de 8 tours anguleux, ornés sur la carène de nodosités

saillantes, allongées, transversales, puis en arrière, contre la suture, d'un rang de petites perles en nombre égal : ces perles sont
surmontées de petits rameaux, dirigés un peu en arrière et qui
les rattachent aux tubercules de la carène; suture profonde et
bien marquée ; bouche arrondie, grande : quoique la bouche soit
en partie brisée, la forme de la columelle semble bien indiquer
un *Cerithium*, mais sans donner pour le genre une certitude
absolue.

Cette jolie espèce paraît fort rare, je n'en ai recueilli qu'un
seul exemplaire dans les vignes, au dessus de *Cogny*, en Beau-
jolais.

Localité : Cogny. *rr*.

Explication des figures : Pl. XIX, fig. 8, Cerithium grossi
4 fois. De ma collection.

Cerithium Falsani. Nov. sp.

(Pl. XXIII, fig. 7.)

*Testâ conicâ, pyramidali, apice acuto, anfractibus 11 ca-
renatis, angulatis, anticè transversim subcostatis, posticè longitudinaliter 4 lineis minutis ornatis ; aperturâ rotundâ,
compressâ ; suturâ excavatâ.*

Dimensions : longueur 7 millim., diamètre 2 millim., hauteur relative du dernier tour 18/100, ouverture de l'angle
spiral 16°.

Coquille allongée, carénée : spire formée d'un angle régulier
composée de 11 tours anguleux, ornés sur la carène de légers
tubercules allongés en travers : des lignes spirales, indécises
viennent croiser en avant le prolongement des tubercules; en arrière 4 petites lignes très-fines, régulières, égales, sont placées
entre les tubercules et la suture. La carène occupe le milieu des

tours ; la suture est profonde, évidée en petit canal; la bouche semble arrondie, un peu ovale en avant.

Ce *Cerithium* a quelque ressemblance de forme avec le *C. Martinianum* d'Orbigny (*Bulletin des congrès scientifiques*. — 1858 : Fragment paléontologique de M. J. Martin, pl. 2, fig. 5). Mais ce dernier est un peu plus allongé et sa carène ne porte point le petit rang de perles qui distingue le *C. Falsani*.

La *Turritella Humberti* (J. Martin) est aussi plus allongée ; ses tours sont plus courts, et elle est dépourvue de granules sur la carène.

Localité : Cet échantillon fort bien conservé, et le seul connu jusqu'à présent, m'a été communiqué par M. *Albert Falsan*, qui l'a rapporté de la Glande. *rr*.

Explication des figures : Pl. XXIII, fig. 7, *Cerithium Falsani*, grossi 6 fois. De la collection de M. Albert Falsan.

Cerithium Lugdunense. Nov. sp.

(Pl. XIX, fig. 11.)

Testâ minutâ, conicâ ; anfractibus subconvexis, 10-12 costis obsoletis transversim ornatis, longitudinaliter lineis 5 cingulatis, ad suturam eminentioribus et tuberculis conspicuis ; suturâ profundâ, apice obtuso. Aperturâ rotundatâ.

Dimensions : longueur 6 millim. 1/2, diamètre 2 millim., ouverture de l'angle spiral 20°.

Petite coquille conique, allongée, spire formée d'un angle régulier composée de 10 tours, à peine convexes, ornés en travers de 10 à 12 côtes peu saillantes, verticales, et en long de 5 lignes qui les croisent : les trois lignes du milieu sont très-légères, celles qui se rapprochent de la suture, plus marquées et formant une petite perle à la rencontre de chaque côte, il en résulte un dessin fort élégant ; suture bien marquée, profonde ; bouche arrondie ; la coquille est assez épaisse.

Ce *Cerithium* paraît avoir été confondu avec le *Cerithium gratum* (Terquem) des mêmes [couches, mais les ornements sont très-différents : l'angle spiral du *C. gratum* est plus petit et le sommet plus aigu : j'ai rencontré le *C. Lugdunense*, assez abondant, dans les environs de *Semur* (Côte-d'Or) ; M. Terquem, qui paraît avoir eu entre les mains des exemplaires de Bourgogne, pense que les différences qu'il remarque avec le *C. gratum*, sont dues à des accidents de la pétrification : mais s'il avait eu, comme nous, à sa disposition un grand nombre de spécimens bien conservés et offrant tous les mêmes détails, il aurait reconnu qu'il est impossible de ne pas séparer les deux espèces : le véritable *C. gratum*, avec ses trois séries égales de granulations, se trouve, mais rarement, dans le bassin du Rhône ; je l'ai recueilli à Montmirail et à Veyras.

Le *C. Lugdunense*, par sa présence au nord comme au sud, et le nombre considérable de ses fragments, est une des coquilles caractéristiques de la zone ; il est abondant surtout dans les environs de Lyon ; malheureusement ses ornements si délicats sont bien vite effacés si les fragments restent exposés un peu trop longtemps aux intempéries.

Localité : Narcel, la Glande, Veyras. *c.*

Explication des figures : Pl. XIX, fig. 11, C. Lugdunense de la Glande, grossi 5 fois. De ma collection.

Dentalium elongatum (MUNSTER in GOLDFUSS).

Goldfus. *Petrefacta*, dritter Theil, S. 2. Pl. CLXVI, fig. 5.

J'ai recueilli dans le calcaire à grains de quartz de *Cogny*, une dentale lisse, à peine arquée, avec ouverture ronde, de la taille à peu près indiquée par Goldfuss, pour la *Dentalium elongatum* du lias de Banz.

Oppel (die Juraformation. — Jahreshefte des Vereins für vaterlændische Naturkunde, 1856, s. 213) parle d'une petite espèce qu'il nomme *Dentalium Andleri* et dont le niveau serait plus exactement celui de la dentale de Cogny, mais il n'en donne aucune description. — Elle se trouve dans la zone à *Ammonites angulatus* près de Vaihingen.

Pholadomya Deshaye ei (Chapuis et Dewalque).

(Pl. XXIV, fig. 1, 2, 3.)

1851. Chapuis et Dewalque. *Fossiles des terrains secondaires du Luxembourg*, p. 111, pl. XV, fig. 1.

La *Pholadomya* dont on trouvera le dessin pl. XXIV, fig. 1, 2, 3, est en partie brisée; mais l'échantillon a cela d'intéressant, surtout pour un fossile d'un terrain aussi ancien, d'avoir conservé le test de la coquille, circonstance bien rare pour les Pholadomyes surtout. L'épaisseur du test, qui est devenu spathique, est d'environ 1/3 de millim., très-uniformément partout : l'aire cardinale, bien circonscrite par des carènes, présente sous le crochet de la valve droite un petit sillon étroit, profond, qui s'étend du crochet en arrière sur une longueur de 10 millim. en devenant un peu plus profond, à mesure qu'il se rapproche de la région cardinale où il vient se perdre; la valve droite recouvrant ici un peu la gauche, il ne m'est pas possible de distinguer si le sillon existe aussi sur celle-ci, ce que je crois pourtant.

Les crochets ronds et peu élevés sont en contact intime et même se pénètrent mutuellement; les côtes transverses sont très-peu marquées : les rides concentriques très-fines et un peu groupées par faisceaux irréguliers; tous les détails se rapportent exactement à la figure de la *Ph. Deshayesei* de MM. Chapuis et Dewalque, sauf le peu de saillie des côtes que malheureusement l'on ne peut pas observer sur la partie postérieure qui manque sur notre échantillon.

Localité : La Glande. *r*.

Explication des figures : Pl. XXIV, fig. 2, Ph. Deshayesei, de la Glande, de grandeur naturelle. Fig. 1, la même, vue du côté antérieur. Fig. 3, la même, vue du côté des crochets.

Astarte cingulata (Terquem).

Pl. XXIV, fig. 10, 11, 12.)

1835. Terquem. *Paléont. de la prov. de Luxembourg*, page 294, pl. XX, fig. 6.

Dimensions : longueur 7 millim., largeur 9 millim., épaisseur 2 millim. 1/2.

Petite coquille, peu épaisse, portant 10 à 12 sillons concentriques, côté postérieur coupé un peu carrément. M. Terquem dit que le bord n'est pas denticulé à l'intérieur, cependant l'un de mes échantillons laisse reconnaître à la loupe de petites crénelures, ce qui n'a rien de surprenant, car l'on sait combien ce genre d'ornements est facilement détruit par la fossilisation ; la forme paraît se rapporter très-bien à l'*Astarte d'hettange*, jeune.

Localité : La Glande. *r*.

Explication des figures : Pl. XXIV, fig. 10, Astarte cingulata de la Glande, grossie 3 fois. Fig. 11, la même, vue par l'intérieur. Fig, 12, la même, vue de profil. De ma collection.

Astarte limbata. Nov. sp.

(Pl. XXIV, fig. 18.)

Testâ tenuissimâ, subæquilaterali, subtrigonâ, 3-4 sulcis

*latis ornatá, ad marginem lineis tribus, tenuibus, acutis præ-
cincta : umbonibus acuminatis, subrectis.*

Dimensions : moins de 2 millim. de longueur.

Très-petite coquille, assez bombée pour sa petite taille, presque
équilatérale, régulièrement arrondie sur la région palléale ; angle
apicial plus grand qu'un droit : crochets acuminés, presque médians : valves ornées de 3 ou 4 sillons arrondis, larges, concentriques et bordées de 3 petits plis coupants, bien marqués et beaucoup plus rapprochés. Dans sa très-petite taille cette jolie Astarte
paraît adulte, car ses ornements sont fermement tracés et se distinguent à merveille ; sa position sur la roche qui la supporte,
empêche d'observer la lunule et ne permet pas de s'assurer si le
bord est lisse ou crénelé. Sa bordure si nette et si singulière la
distingue parfaitement de toutes les autres espèces.

Localité : La Glande. *r*.

Explication des figures : Pl. XXIV, fig. 18, Astarte limbata de la Glande, grossie 10 fois. De ma collection.

Cardita Heberti (TERQUEM).

(Planche XXI, fig. 10, 11, 12.)

1855. Terquem. *Paléont. de la prov. de Luxembourg.* pag. 302,
pl. XX, fig. 10.

Dimensions : longueur 6 millim. 1/2, largeur 7 millim.,
épaisseur 4 millim. 1/4.

Cette petite espèce, qu'il est rare d'obtenir en bon état, se rencontre sur un bon nombre de points du bassin du Rhône. L'é-
chantillon que j'ai fait dessiner est un exemplaire bivalve, merveilleusement conservé et sur lequel tous les caractères extérieurs sont très-nettement accusés ; les côtes, au nombre de 36

à 38, sont régulièrement arrondies, sans être élevées, et séparées par un petit sillon, beaucoup plus petit que les côtes elles-mêmes. — Ces côtes sont couvertes de petites lignes concentriques irrégulières, à peine visibles à l'aide de la loupe. — L'ensemble peut se comparer, en très-petit, à la diposition des ornements de la *Cardita Jouanneti* du terrain miocène (voir l'Atlas de Goldfuss, pl. CXXXIII, fig. 15).

Le ligament extérieur, fort bien conservé, est représenté sur la figure 11 de ma planche XXI.

M. J. Martin donne la figure d'un *Cardium*, le *C. Terquemi*, qui a les plus grands rapports de forme avec la *Cardita Heberti ;* cependant le dessin qui représente une partie du test grossi (*Paléont. de l'infrà-lias*, pl. V, fig. 19) fait voir des ornements tellement opposés à ceux de notre coquille qu'il ne faut pas songer à les réunir ; les côtes du *Cardium Terquemi* sont séparées par des intervalles aussi larges qu'elles-mêmes, tandis que celles de notre *Cardita* sont à peine séparées par une fine dépression linéaire. Les deux espèces doivent, dès-lors, conserver leurs places séparées dans nos listes.

Localité : La Glande, Narcel, Cogny, Veyras.

Explication des figures : Pl. XXI, fig. 10, Cardita Heberti de la Glande, grossie 4 fois. De ma collection. Fig. 11, la même, vue du côté des crochets. Fig. 12, la même, vue du côté antérieur.

Cypricardia Breoni (J. MARTIN).

(Pl. XXI, fig. 1 et 2.)

1860. J. Martin. *Paléont. de l'infrà-lias*, page 81, planche III, fig. 17 et 18.

Dimensions : longueur 6 millim. 1/2, largeur 13 millim., épaisseur 6 millim.

Cette coquille, beaucoup plus petite que celle de la Côte-d'Or, décrite par M. J. Martin, me paraît appartenir à la même espèce. Les sillons concentriques, bien marqués, au nombre de 10 à 12 que l'on remarque vers les crochets, doivent sans doute appartenir au jeune âge de la coquille.

J'ai déjà décrit cette même Cypricarde de la zone inférieure (voir page 35), c'est donc là un fossile qui passe de la zone à *Ammonites planorbis* dans la zone à *Ammonites angulatus*.

Localité : La Glande. *rr.*

Explication des figures : Pl. XXI, fig. 1, Cypricardia Breoni de la Glande, grossie deux fois. Fig. 2, la même, vue du côté des crochets. De ma collection.

Lucina arenacea (TERQUEM)

1855. Terquem. *Paléont. de la prov. de Luxembourg*, pl. XX, fig. 8.

Voir, page 38, les détails sur ce fossile, déjà décrit dans la zone à *Ammonites planorbis.*

Elle n'est pas très-rare dans la zone à *Ammonites angulatus*, et je l'ai recueillie à ce niveau sur une foule de points. Nous la retrouverons encore, et plus abondante, dans le lias inférieur ; ce qu'il y a de plus singulier, c'est qu'elle se montre à tous ces niveaux si différents, avec le même faciès et la même taille; cette circonstance, importante à noter, fait qu'elle est un des fossiles les moins caractéristiques.

Localité : La Glande, Frontenas, Veyras, Meyranne.

Cardinia Listeri (SOWERBY, sp.).

Pl. XXI, fig. 3, 4, 5, 6, 7, 8, 9.)

1818. Sowerby, unio Listeri. *Mineral. conchology*, pl. 154, fig. 1, 3, 4.

Dimensions :

longueur $\left\{\begin{array}{l} \text{58 millim.} \\ \text{41} \\ \text{28} \end{array}\right.$ largeur $\left\{\begin{array}{l} \text{57 millim.} \\ \text{48} \\ \text{29} \end{array}\right.$ épaisseur $\left\{\begin{array}{l} \text{35 m.} \\ \text{24} \\ \text{15} \end{array}\right.$

Les Cardinies se montrent en nombre immense dans les couches à *Ammonites angulatus* du bassin du Rhône, mais surtout dans les environs de Lyon et de Villefranche : partout ces coquilles forment un ou deux bancs composés presque entièrement de leurs valves, faisant le passage du calcaire à gryphées inférieur aux assises supérieures de l'infrà-lias : on en trouve aussi de disséminées dans toute la hauteur de la subdivision ; malheureusement, malgré la quantité innombrable d'individus, il est bien difficile d'obtenir, dans une roche aussi dure, un échantillon entier : ces coquilles sont généralement trop volumineuses pour résister dans toutes leurs parties aux influences atmosphériques, jusqu'à ce que le calcaire qui leur sert de gangue soit entièrement décomposé.

Parmi les espèces les plus répandues se trouve la *Cardinia Listeri* (Sowerby, sp.) ; sa forme trigone, son méplat caractérisé, son épaisseur, l'irrégularité et la rudesse de ses sillons concentriques la font distinguer entre toutes. Dans le Mont-d'Or, cette espèce, par une exception locale à ce que je crois, s'élève en hauteur d'une manière considérable dans les spécimens adultes, de façon à mesurer quelquefois plusieurs millimètres de plus qu'en largeur, comme on peut le voir dans le grand échantillon de la Glande, figuré pl. XXI, fig. 3, 4, 5. — Celui beaucoup plus petit, fig. 8 et 9 de la même planche, montre déjà une tendance à prendre les mêmes proportions.

L'échantillon figuré sous les nos 6 et 7, est bivalve et a conservé ses valves adhérentes, il est un peu brisé du côté postérieur. — Cette Cardinie qui vient de Meyranne (Gard) est silicifiée, et je l'ai recueillie dans la partie supérieure de la zone, où elle est très-nombreuse, en compagnie de la *Lima gigantea* (Sowerby) très-abondante aussi sur ce point.

La coquille de la *C. Listeri* est très-épaisse et les empreintes mus-
culaires très-profondes ; dans le dessin des figures 3, 4, 5, la rudesse et la profondeur des sillons ne sont pas rendues avec assez
de force.

Localité : Partout. *c.*

Explication des figures : Pl. XXI, fig. 3, C. Listeri de la
Glande, vue de profil du côté antérieur, de grandeur naturelle. Fig. 4, la même, vue de face. Fig. 5, la même, du
côté des crochets. Fig. 6, autre exemplaire bivalve de Meyranne, de grandeur naturelle. Fig. 7, la même, du côté des
crochets. Fig. 8, autre exemplaire de la Glande, de grandeur
naturelle. Fig. 9, la même, vue par la face intérieure. De
ma collection.

Cardinia exigua (Terquem).

1833. Terquem. *Paléont. de la prov. de Luxembourg*, pag. 296,
pl. XX, fig. 4.

Cet exemplaire que j'ai trouvé à la Glande ne mesure que 6 millim. sur 5, et présente tous les caractères de l'espèce, qui paraît
être fort rare dans le bassin du Rhône.

Localité : La Glande, Veyras, *r.*

Cardinia hennocquei (Terquem).

(Pl. XXIV, fig. 5 et 6.)

1833. Terquem. *Paléont. de la prov. de Luxembourg*, pag. 298,
pl. XIX. fig. 5.

Cette Cardinie, qui se rencontre rarement dans nos couches, a
été recueillie à la Glande. Le petit exemplaire figuré donne d'une

manière très-distincte les empreintes intérieures et les détails de
la charnière.

Localité : La Glande. *r.*

Explication des figures : Pl. XXIV, fig. 6, Cardinia hennocquei, valve droite, de grandeur naturelle. Fig. 5, la
même, vue du côté intérieur. De ma collection.

Cardinia Eveni (Terquem).

(Pl. XXIV, fig. 7, 8, 9.)

1855. Terquem. *Paléont. de la prov. de Luxembourg*, pag. 297,
pl. XX, fig. 3.

Le petit exemplaire de la *C. Eveni*, dont je donne le dessin,
a été rapporté par moi de la Glande ; je n'en ai pas rencontré sur
les autres points.

Localité : La Glande. *rr.*

Explication des figures : Pl. XXIV, fig. 7, Cardinia Eveni,
de grandeur naturelle. Fig. 8, la même, vue de profil, du
côté antérieur. Fig. 9, la même, du côté des crochets. De
ma collection.

Outre les Cardinies que je signale dans ma liste, il est certain
qu'il se trouve encore dans nos couches plusieurs autres epèces ;
l'énorme quantité de débris de valves accumulés à ce niveau peut
le faire présumer : mais dans un genre où les espèces sont si
difficiles à distinguèr, il serait imprudent de s'appuyer sur des
échantillons insuffisants, et les spécimens entiers sont fort
rares.

Après la *Cardinia Listeri*, les espèces qui me semblent les plus
répandues sont *C. sulcata* (Agassiz), et *C. hybrida* (Stutchbury).

On trouvera, pl. XXIV, fig. 4, le dessin d'un fragment de Cardinie (valve gauche), vue par l'intérieur, d'une assez grande
taille, et dont les détails de la charnière sont très-profondément

fouillés et bien conservés ; le crochet, très-petit, paraît être sub-
médian.

Pinna similis (CHAPUIS et DEWALQUE).

(Pl. XXVI, fig. 1, 2, 3.)

1851. Chapuis et Dewalque. *Description des fossiles du terrain
secondaire du Luxembourg*, pag, 182, pl. XXVI. fig. 8.

Le spécimen que j'ai fait représenter, de grandeur naturelle,
pl. XXVI, mesure près de 12 centimètres en longueur ; quoique
sa forme soit, d'un côté, tout à fait perdue, de l'autre cependant
elle est assez bien conservée pour montrer que la coupe de la
coquille, en travers, était rhomboïdale et très-semblable à celle
indiquée dans le mémoire de MM. Chapuis et Dewalque, planche
désignée figure 8, *c*. Cette coupe est fort différente de celle de la
Pinna Hartmanni (Zieten). Quoique notre échantillon soit plus
gros et porte des ornements plus vigoureusement marqués que le
spécimen de *Jamoigne*, il me paraît hors de doute que c'est bien
la même espèce. Il est assez rare de trouver un échantillon de
Pinna présentant autant de surface de test conservé que celui-ci ;
les côtes étroites, distantes, irrégulières, signalées par MM. Chapuis et Dewalque, sont plus apparentes dans mon exemplaire ,
ainsi que les petites côtes concentriques ; je remarque de plus
que l'entre-croisement des côtes donne lieu à de petites nodosités,
bien marquées, caractère qui n'est pas indiqué par les géologues
Belges et qui manque sans doute dans leur échantillon. L'épaisseur du test, qui ne dépasse pas 1 millim. 1/2 vers le sommet,
compte plus de 4 millim. vers la base.

Localité : La Glande. *r*.

Explication des figures : Pl. XXVI, fig. 1. Pinna similis
de la Glande, de grandeur naturelle, vue du côté droit. Fig. 2,
la même, vue du côté gauche. Fig. 3, la même, vue de profil.

L'angle doit être légèrement plus ouvert ; la figure a été un peu comprimée, la place étant insuffisante.

Pinna trigonata (J. Martin).

1859. J. Martin. *Paléont. stratig. de l'infrà-lias*, p. 87, pl. VI, fig. 7 et 8.

Cette *Pinna*, d'une forme toute spéciale en triangle équilatéral. n'a pas encore été signalée ailleurs que dans le bassin du Rhône. Elle se trouve au mont Narcel où elle n'est pas très-rare ; je l'ai rencontrée également à *Aubenas* (Ardèche) : ce fossile paraît donc être en même temps spécial à nos contrées et caractéristique pour la zone à *Ammonites angulatus* : sa taille s'écarte ordinairement fort peu de la figure donnée dans le mémoire de M. J. Martin.

Localité : Narcel, Aubenas.

Mytilus scalprum (Goldfuss).

(Pl. XXIV, fig. 13 et 14.)

1840. Goldfuss. *Petrefacta*, p. 174, pl. CXXX, fig. 9.

Dimensions : longueur 45 millim., largeur 17 millim., épaisseur 13 millim.

Le *Mytilus*, de Narcel, dont je donne la figure, n'a pas à beaucoup près une inflexion aussi marquée que celle du *Mytilus* de Goldfuss, et l'extrémité inférieure est moins arrondie, plus aiguë. Je le range néanmoins sous ce nom, pour ne pas trop multiplier les espèces dans un genre déjà encombré de formes nouvelles. Je remarque que les stries concentriques sont grosses, assez régulières, et affectent peu ce groupement en faisceaux qui distingue beaucoup de Mytilus : les crochets ne sont pas tout à fait à l'extrémité de la coquille : cette forme n'est pas très-rare.

Localité : Narcel, Marcy, Veyras.

Explication des figures : Pl. XXIV, fig. 13, Mytilus scal-prum de Narcel, de grandeur naturelle. Fig. 14, le même, vu de profil. De ma collection.

Limea koninckana (Chapuis et Dewalque).

(Pl. XXII, fig. 1.)

1851. Chapuis et Dewalque. *Descript. des fossiles des terr. se-cond. du Luxembourg,* p. 192, pl. XXV, fig. 9.

Dimensions : longueur 6 millim. 1/2, largeur 4 millim. 3/4.

Très-petite coquille, épaisse, peu oblique; mon échantillon, engagé dans le calcaire, ne présente que sa surface intérieure : on reconnaît sur le bord la crénelure causée par la saillie des côtes qui paraissent être fortes et au nombre de 16 à peu près; quoique le bord soit crénelé, l'intérieur de la coquille est com-plétement lisse : le détail de la charnière est un peu oblitéré, néanmoins l'ensemble se rapporte très-bien à la *Limea* de *Jamoi-gne*, décrite par MM. Chapuis et Dewalque, en admettant que la nôtre n'ait pas encore pris tout son développement.

Localité : La Glande, Saint-Germain. *r.*

Explication des figures : Pl. XXII, fig. 1, Limea koninc-kana, vue par sa face intérieure et grossie 6 fois. De ma collection.

Saxicava.......?

(Pl. XXIII, fig. 8, 9, 10, 11.)

Il n'est pas rare de trouver dans les fragments de grosses co-quilles, principalement dans les grandes valves de Cardinie, des

perforations dues à des coquilles de petites dimensions : ces petits canaux arrondis ont cela de particulier que leur diamètre ne
semble pas changer en avançant, de plus ils paraissent dirigés
ordinairement en ligne droite : leur diamètre varie entre 2 et 4
millim. : on pourrait hésiter à attribuer ces tubulures à des coquilles perforantes, mais des recherches attentives m'ont amené
à ne plus conserver de doutes à cet égard, puisque j'ai pu observer les coquilles encore en place dans le trou qu'elles étaient
en train d'excaver. L'échantillon qui m'a offert cette intéressante observation a été recueilli à la Glande par M. Falsan qui
a bien voulu me le communiquer : c'est un beau fragment du
Pleurotomaria anglica, de grande taille, criblé de perforations
de plusieurs grandeurs. — La principale, située sur le dernier
tour du pleurotomaire, à moitié distance de l'ombilic, mesure
exactement 3 millim. Une petite coquille bivalve, lisse, allongée,
arrondie à son extrémité antérieure, est encore en place dans
le canal qu'elle a creusé; la hauteur des valves correpondant
exactement au diamètre de la perforation : la coquille est trop
fortement engagée dans le calcaire pour pouvoir être décrite,
mais la partie antérieure se distingue très-bien ; l'on remarque
que le canal n'est creusé qu'à moitié, c'est-à-dire que le plan de
surface de la coquille du pleurotomaire arrive à moitié hauteur de
la perforation, qui n'est là qu'un sillon demi-cylindrique, et la
petite coquille se trouve ainsi engagée à moitié seulement dans
cette moitié de tube : en réfléchissant à cette circonstance, on
voit qu'il faut nécessairement que le pleurotomaire fût déjà enve-
loppé par sa gangue calcaire, sur une certaine épaisseur, pour que
la bivalve perforante agissant sur l'ensemble de la masse, déjà
pétrifiée, ait pu perforer en même temps la partie supérieure
du test et le calcaire qui l'entourait : ce qui fortifie cette sup-
position, c'est que l'on remarque dans le même échantillon plusieurs autres perforations, pénétrant du dehors normalement
dans la coquille par un canal régulier, même après avoir dépassé
l'épaisseur du test, fait qui ne pourrait pas avoir lieu avec une
coquille vivante ou abandonnée dans un milieu non solide.

J'ai fait représenter, planche XXIII, fig. 10, le pleurotomaire et la petite coquille qui se trouvait précisément dans cette
singulière position quand elle a péri. — On doit supposer que
le calcaire qui formait la partie supérieure du canal, présentant une résistance moins grande que le test, a été décomposé et
enlevé. La figure 11 représente la portion du test où se trouve la
Saxicave, grossi au double.

Le petit fragment cylindrique figuré planche XXIII, fig. 9,
n'est pas autre chose que le moule calcaire intérieur d'une de ces
perforations. — Sa longueur est de 18 millim., son diamètre
dans tous les sens 3 millim. La figure 8 le représente grossi 3 fois
et vu par côté. Il est couvert de petits linéaments très-fins, saillants et très-nets, dont la figure agrandie donne une idée, et qui
représentent les stries en creux laissées par le travail de perforation du mollusque. Ce moule fait voir comment le canal se pro-
pageait en ligne droite, sans changement appréciable dans le
diamètre. — Le coude brusque à angle droit que l'on remarque
à la base, provient probablement d'un autre canal, rencontré par
le canal principal, et dont l'empreinte moulée s'est trouvée ensuite soudée au moule de celui-ci.

Localité : La Glande. Partout. c. Surtout dans les grandes
valves de cardinie.

Explication des figures : Pl. XXIII, fig. 10, fragment de
Pleurotomaria anglica de la Glande, vu par dessus avec perforation et coquille de Saxicave en place. De la collection de
M. Albert Falsan. Fig. 11, portion de la même surface,
grossie 2 fois. Fig. 9, moule intérieur d'une perforation, vu
de face et de grandeur naturelle. De ma collection. Fig. 8,
le même, vu par côté et grossi 3 fois.

Lima gigantea (SOWERBY, sp.).

(Pl. XXII, fig. 4 et 5.)

1814. Sowerby. Plagiostoma giganteum. *Mineral conchology*, p. 176,
pl. 77.

La *Lima gigantea* est très-répandue dans la partie supérieure de la zone, elle n'y atteint pas ordinairement une taille aussi grande que dans les couches du lias inférieur où elle devient gigantesque. Je remarque que les figures de cette Lima données par Sowerby, Zieten, Goldfuss, etc., représentent des coquilles qui sont plus arrondies sur l'angle de la troncature antérieure que celles que nous rencontrons dans nos contrées. — Nos exemplaires sont, dans cette partie, repliés à angle droit en formant une carène décidée et bien marquée. Ce fossile joue un rôle important dans plusieurs localités, mais surtout à Meyranne (Gard), près de Saint-Ambroix, où on le trouve en nombre considérable et toujours silicifié. Le fragment (de ce gisement) que j'ai fait dessiner, pl. XXII, fig. 4 et 5, montre bien l'angle vif de la troncature antérieure. La fig. 5 fait voir la fossette du ligament, le crochet très-aigu et profondément excavé en dessous.

Localité : Meyranne. *c.* Presque partout.

Explication des figures : Pl. XXII, fig. 4, Lima gigantea de Meyranne, fragment, côté antérieur, de grandeur naturelle. Fig. 5, le même, vu par dessous. De ma collection.

Lima duplicata (SOWERBY, sp.)

(Pl. XXIV, fig. 17.)

1829. Sowerby. Plagiostoma duplicata. *Mineral. conch,*, vol. VI. pl. 559, fig. 3.

Très-abondante, partout, surtout dans les couches les plus élevées de la zone à *Ammonites angulatus.*

Je ne puis distinguer aucun détail qui la différencie de la *Lima* que nous avons décrite de la zone inférieure à *Ammonites planorbis,* voir pag. 58.

C'est la *Lima Erix,* de d'Orbigny, *Prodrome.* Sinémurien, n° 122.

J'ai recueilli à la Glande une très-petite *Lima* qu'il faut, je pense, rapporter à la *L. duplicata*, quoique les côtes intermédiaires manquent tout à fait; en voici les dimensions : longueur 7 millim. 1/2, largeur 6 millim. 1/2, épaisseur 4 millim. 1/4; elle porte 18 côtes aiguës. — Elle est bordée à son contour palléal extrême par trois lignes d'accroissement fines, serrées, bien marquées et équidistantes. Quenstedt (der Jura, page 47, pl. 4, fig. 5) cite aussi de très-petites *Lima* de l'infrà-lias de *Bebenhausen*, qui ne montrent pas encore les côtes secondaires et qu'il considère comme des jeunes de la *Lima duplicata*.

Localité : Narcel, la Glande, Cogny, Frontenas, Sainte-Paule, Veyras, Meyranne. *cc.*

Explication des figures : Pl. XXIV, fig. 17, coquille très-jeune de la Glande, grossie 6 fois. De ma collection.

Lima campanula (Nov. spec.).

(Pl. XXII, fig. 6, pl. XXIII, fig. 5.)

Testá suborbiculari, subæquilaterali, compressá, radiatim costatá, 22 costis convexis, lævibus, lineolis separatis, umbonibus peracutis, prominentibus : auriculis brevissimis.

Dimensions : longueur 12 à 13 millim.? largeur 11 à 12 millim., épaisseur 6 millim., ouverture de l'angle apicial 90°.

Petite coquille arrondie, équilatérale non oblique, ornée de 22 côtes arrondies, lisses, peu saillantes, séparées par une petite dépression linéaire, couvertes de fines stries d'accroissement à peine visibles à la loupe, et s'étendant du crochet à la région palléale en s'élargissant régulièrement. La coquille porte en dehors des côtes, une aréa lisse qui s'étend de chaque côté et va en diminuant jusqu'aux deux tiers de la longueur, ce qui donne à la valve une forme ronde. — Les crochets cependant,

qui paraisssent médians, sont petits, fortement acuminés et dépassent la charnière de **1** millim. **1/2.** A l'intérieur on voit une
petite fossette triangulaire, peu profonde, tout à fait au dessous du crochet : la ligne cardinale, excessivement étroite, n'a
pas plus de 2 millim., et de chaque côté le contour arrondi de
la coquille commence immédiatement. — Des crochets partent,
sur la face supérieure, deux petits sillons profonds, étroits, longs
de 2 millim. qui viennent se perdre sur la région cardinale à
1 millim. de la fossette à droite et à gauche.

La position des échantillons, empâtés dans le calcaire par leur
région palléale, m'empêche de saisir d'autres détails, néanmoins
cette jolie petite *Lima* me paraît s'éloigner de tous les types décrits ; sa forme droite avec ses petits crochets médians et ses contours arrondis, en forme de petite clochette, la font distinguer
entre toutes. De plus, tout fait présumer qu'elle est adulte, car
les deux exemplaires que j'ai recueillis sur deux points différents du département du Rhône, l'un à la Glande, l'autre à
Cogny, sont exactement de la même taille.

Je ne vois que la *Lima dentata* (Terquem, *Paléont. de la prov.
de Luxemb.*, pag. 321, pl. XXIII, fig. 4) qui paraisse s'en rappro-
cher, mais le nombre des côtes en est bien plus fort, l'espace qui
les sépare plus grand, les côtes se montrent partout sur les côtés
et l'angle apicial ne s'arrondit point.

Localité : La Glande, Cogny. *r.*

Explication des figures : Pl. **XXII**, fig. 6, Lima campanula de la Glande, grossie deux fois. Pl. XXIII, fig. 5, la
même, de Cogny, vue par l'intérieur, grossie deux fois. De
ma collection.

Lima cometes (Nov. spec.).

(Pl. XXII, fig. 2 et 3. Pl. XXIII, fig. 1 et 2.)

Testá ovali, depressá, subæquilaterali, radiatim costatá,

costis rectis, æqualibus, prominentibus, squammatis, sulcis concentricis resectis : umbonibus obtusis, auriculis asperrimè sulcatis.

Dimensions : longueur 80 millim. environ, largeur 60 millim., épaisseur 23 millim., ouverture de l'angle apicial 78°.

Coquille allongée, peu oblique, arrondie, couverte d'un grand nombre de côtes rectilignes s'étendant du crochet à la région palléale, sans déviation et en augmentant d'importance et de largeur : ces côtes sont croisées par des sillons concentriques étroits mais profonds, qui marquent leur passage sur les côtes en relevant un peu celles-ci par une nodosité squammeuse. — Les côtes paraissent ainsi couvertes de petites rugosités fort régulières dans leur accroissement depuis le crochet ; de nouvelles côtes ne tardent pas à s'insérer insensiblement entre les premières dont elles prennent bientôt toutes les allures, en restant toujours un peu plus faibles : à la distance de 40 millim. du crochet on compte, sur une largeur de 1 centimètre, 7 côtes principales à peu près, et autant de côtes accessoires. — L'aspect de ces séries régulières de petits tubercules croissant en lignes serrées et rayonnantes, forme un ensemble très-élégant ; la couche de la coquille qui porte ces ornements est extraordinairement mince vers les crochets et disparaît entièrement avant de les atteindre, de sorte que le crochet est lisse, ou faiblement marqué de lignes concentriques ; il est à remarquer que, si les lignes rayonnantes étaient continuées vers le sommet, elles convergeraient en un point situé à 2 ou 3 millim. en dehors et au dessus de la coquille.

Les oreilles, excessivement rugueuses et chargées de gros plis coupants, verticaux, grossiers, irréguliers, ne sont pas très-larges. On trouvera pl. XXIII, fig. 1 et 2, le dessin d'un fragment de *Frontenas* bien conservé, quoique borné à la région des crochets. La fig. 1 montre la fossette large, arrondie et peu profonde au dessous de laquelle la valve s'abaisse par une brusque dépression, en se creusant profondément; la coquille est très-épaisse en ce point. La figure 1 représente ce même fragment vu du côté extérieur, et fait voir les relations du crochet arrondi et obtus avec les oreilles.

Je regrette beaucoup de n'avoir pas pu réussir à détacher des exemplaires plus complets de cette magnifique *Lima*, que l'on trouve toujours aux trois quarts engagée dans la roche. — Elle a certainement des traits de ressemblance avec la *Lima antiquata* (Sowerby), que l'on rencontre quelquefois au même niveau, mais surtout abondante un peu plus haut, dans le lias inférieur. — On peut la comparer aussi à la *Lima Hermanni* (Voltz), du lias moyen. — Ce sont trois types qui appartiennent à un même groupe; cependant les ornements me paraissent différer beaucoup : la *Lima* de Voltz et celle de Sowerby ont des côtes plus inégales que la *Lima cometes*, ces côtes ont à peine des indices de stries, mais jamais de petits tubercules; ensuite invariablement les côtes sont arrêtées, de temps en temps, par une forte ligne d'accroissement qui change brusquement leur direction, et cet accident se reproduit à plusieurs reprises, en augmentant d'intensité; dans la *Lima cometes*, au contraire, les rayons s'élancent en gerbe régulière, sans aucune déviation, avec une fermeté de lignes remarquable, et il en résulte un tout autre aspect.

Il y a encore assurément un lien évident de parenté entre notre *Lima* et la *L. nodulosa* (Terquem) d'Hettange, que nous avons décrite de la zone inférieure (voir page 57). L'exemplaire d'Hettange, figuré par M. Terquem, porte des ornements analogues à ceux de la *Lima cometes*, mais ses rayons sont onduleux et irréguliers, au lieu d'être rectilignes, et d'ailleurs l'ouverture de l'angle apicial est beaucoup plus petit. — M. Terquem dit, par une erreur d'impression évidente, démontrée par son dessin, que cet angle a 110°.

En résumé, les 4 *lima* dont nous venons de parler, et qui se tiennent d'assez près, sont distribuées verticalement de la manière suivante dans le bassin du Rhône :

Dans la zone inférieure à *Ammonites planorbis*, la *Lima nodulosa* (Terquem).

Dans la zone à *Ammonites angulatus*, la *Lima cometes* (Nobis) et la *Lima antiquata* (Sowerby).

Dans le lias inférieur, la *Lima antiquata*.

Dans le lias moyen, la *Lima Hermanni* (Voltz) : c'est à cette dernière espèce qu'il faut rapporter ces exemplaires gigantesques de la Lozère et surtout de l'Aveyron, près de *Laissac*, qui dépassent souvent en longueur 18 centimètres et dont les côtes arrivent à une grosseur proportionnée.

On trouve toujours la *Lima cometes* dans la dernière couche supérieure, avant d'arriver aux premières gryphées et un peu au dessus de la *Montlivaultia sinemuriensis*.

Localité : Cogny, Frontenas, Grange-du-Bois.

Explication des figures : Pl. XXII, fig. 2, Lima cometes de Cogny, de grandeur naturelle. Fig. 3, portion du test, grossi. Pl. XXIII, fig. 1, la même, fragment de Frontenas, de grandeur naturelle. Fig. 2, la même, vue du côté intérieur. De ma collection.

Pecten Hehli (d'Orbigny).

(Pl. XXIV, fig. 16.)

1850. D'Orbigny. *Prodrome sinémurien*, n° 130.

Dimensions : longueur 20 millim., largeur 18 millim. 1/2, épaisseur 2 millim. 1/4, ouverture de l'angle apicial 94°.

Il serait bien à désirer que l'on prît la peine de comparer entre eux et de décrire les *Pecten* lisses que l'on rencontre dans l'infrà-lias et le lias à tous les niveaux. — Le défaut d'ornements et la grande ressemblance des formes rendent une pareille étude plus difficile qu'elle ne le paraît d'abord, et la réunion d'échantillons en bon état, de toutes les localités, indispensable pour commencer un semblable travail, n'est pas une chose aisée.

Le *Pecten* que j'inscris ici sous le nom de *P. Hehli*, a été recueilli à *Narcel* ; il paraît avoir une coquille excessivement mince ; la valve est couverte de lignes concentriques à peine visibles, formées par un trait assez large et placées à une distance l'une de l'autre partout égale. L'angle apicial, qui est plus grand qu'un droit, n'est pas régulier, les lignes qui le forment sont l'une légèrement convexe, l'autre un peu concave, ce qui donne une certaine obliquité à la coquille, dont le contour, du reste, est parfaitement circulaire. Oreilles........

Le P. Hehli est rare dans la zone à *Ammonites angulatus*, mais souvent de plus grande taille que l'exemplaire décrit; nous le verrons plus loin très-nombreux dans le lias inférieur.

Localité : Narcel, Cogny, la Glande. *r.*

Explication des figures : Pl. XXIV, fig. 16, Pecten lisse de Cogny, de grandeur naturelle. De ma collection.

Pecten Veyrasensis (Nov. spec.).

(Pl. XXIV, fig. 15.)

Testâ orbiculari, compressâ, costatâ, costis circâ 13 angulatis, latis, rugis transversis impressis, quœ in medio costarum angulosœ sursum ascendunt, intervallis profundè impressis, foraminatis.

Dimensions : longueur 20 millim., largeur 20 millim., épaisseur 5 millim. 1/2, ouverture de l'angle apicial 93°.

Coquille arrondie, épaisse, portant environ 13 côtes, grosses, carénées, ornées de rides saillantes, en chevrons, dont le sommet est dirigé en haut. Les sillons qui séparent les côtes sont étroits et profonds, et comme les chevrons qui ornent ces côtes viennent s'y rencontrer, il en résulte que ces sillons ne sont qu'une série de petites cavités resserrées entre les extrémités de ces chevrons. Entre la dernière côte et le bord de la coquille il existe une petite aréa, ornée de stries transverses.

Le bord cardinal est droit. — L'oreille antérieure grande, ornée de stries verticales sinueuses et fortement échancrée pour le passage du byssus : oreille postérieure...... La coquille est fortement sinueuse dans la région palléale. Ce Pecten est précieux, parce que, grâce à sa livrée riche et compliquée, il est toujours reconnaissable, même dans ses fragments. Il paraît spécial aux dépôts de l'*Ardèche* : je l'ai recueilli à *Veyras*, dans les couches remplies de tiges du *Neuropora socialis*, si remarquables de cette localité.

Localité : Veyras. *r*.

Explication des figures : Pl. XXIV, fig. 15, Pecten Veyrasensis, de Veyras, grossi deux fois. De ma collection.

Ostrea complicata (GOLDFUSS)?

(Pl. XXIII, fig. 6.)

1840. Goldfuss. *Petrefacta*, p. 3, pl. LXXII, fig. 3.

L'*Ostrea complicata*, décrite par Goldfuss, du *Muschelkalk* des environs de *Baireuth*, n'est citée ici que comme renseignement. L'on trouve sur une foule de points du bassin du Rhône, dans la zone à *Ammonites angulatus*, des fragments d'*Ostrea* encore indéterminée et que je rapporte à ce type comme le plus rapproché pour la forme ; en général ce fossile paraît offrir une surface plane assez large, accompagnée sur les bords d'une zone un peu repliée, ornée d'une série de grosses côtes. Les échantillons, assez nombreux, sont en trop mauvais état pour permettre une description ou un dessin qui puissent être de quelque utilité. Le type me paraît différer de celui de l'*Ostrea Rhodani* de la zone inférieure (voir page 82). Il faut attendre que l'on ait recueilli des spécimens plus satisfaisants pour décider quelque chose sur ce fossile, qui ne manque pas d'importance, puisqu'il est assez répandu.

Localité : La Glande, Marcy, Veyras.

J'ai rapporté de Marcy, des couches mêmes qui abondent en *Cerithium verrucosum*, un fragment d'*Ostrea* qui, par sa taille très-grande, paraît s'éloigner de la forme habituelle des huîtres de notre zone : on en trouvera la figure pl. XXIII, fig. 6. Ce fragment, en mauvais état, appartient à une coquille qui était certainement beaucoup plus grande : il mesure 80 millim. sur 70. La surface est plane, très-légèrement bombée; la frange ou série de côtes qui est au bas se replie en dedans par un angle très-obtus; la coquille, assez épaisse, devait dépasser 10 centimètres en longueur. — Les côtes simples, rondes, très-inégales, occupent sur le bord arrondi une zone de plus de 20 millim. de largeur. Il faudra des circonstances bien favorables pour trouver dans nos couches de bons échantillons de cette Ostrea, car l'extrême dureté du calcaire rend presque impossible la conservation de fossiles de cette dimension.

Enfin je dois citer, toujours de Marcy, une *Ostrea* encore engagée dans la roche, d'une forme tout autre, couverte de lamelles concentriques, à bords relevés, assez profonde, avec une surface d'adhérence longue et étroite. — On en trouvera le dessin pl. XXII, fig. 7.

Localité : Marcy. *rr*.

Explication des figures : Pl. XXIII, fig. 6, grande Ostrea plissée, fragment de Marcy, de grandeur naturelle. Pl. XXII, fig. 7, Ostrea sans côtes, de Marcy, vue du côté de son point d'attache, de grandeur naturelle. De ma collection.

Rhynchonella variabilis (SCHTOTHEIM, sp.).

(Pl. XXV, fig. 5 à 10.)

1813. Schtotheim. *Terebratulites variabilis* : in Leonhard's min. Tasch., vol. VII, pl. 1, fig. 4.

1835. Phillips. *Terebratula triplicata* : Illustrations of the geol. of
Yorks. pl. XIII, fig. 22.

1852. Davidson. *Rhynchonella variabilis* : Oolitic et Liasic brachio-
poda, p. 78, pl. XV et XVI.

Dimensions :

longueur $\begin{cases} 11 \text{ millim.} \\ 7 \ 1/2 \end{cases}$ largeur $\begin{cases} 10 \text{ mill.} \\ 7 \ 1/2 \end{cases}$ épaisseur $\begin{cases} 6 \ 1/2 \\ 4 \end{cases}$

Cette Rhynchonelle est très-répandue dans nos couches à *Ammonites angulatus*, sans y être abondante : le plus gros échantillon dessiné, grossi deux fois, pl. XXV, fig. 5, 6, 7, vient de Cogny. Cette variété, portant 3 plis sur le lobe, paraît remarquable
par sa forme allongée, peu habituelle à l'espèce. — Elle est
assez distincte de celles que fournissent les diverses couches du lias : la plus petite, fig. 8, 9, 10, dont le dessin est aussi
grossi 2 fois, vient de la Glande où elle est assez commune. —
Elle porte aussi trois plis. — Elle serait un peu plus longue si
le test n'était pas enlevé vers le crochet.

Localité : Cogny, la Glande, et presque partout.

Explication des figures : Pl. XXV, fig. 5, 6, 7, Rh. variabilis, de Cogny, grossie 2 fois. Pl. XXV, fig. 8, 9, 10, la
même, de la Glande, grossie 2 fois. De ma collection.

Pentacrinus angulatus (OPPEL).

(Pl. XXIII, fig. 3 et 4, et pl. XXV, fig. 11 à 20.)

1856. Oppel. Die Juraformation, in Jahreshefte des Verein, für
V. N. in Wurtemberg, t. 12, p. 151.

On trouve partout, dans nos couches, des articulations de Pen-
tacrines qui varient assez, et cependant semblent appartenir à un
même type : je les inscris sous le nom de *P. angulatus* (Oppel)
qui, s'il ne convient pas pour la forme d'une partie de nos échan-

tillons, a l'avantage de préciser leur niveau géologique ; en effet, toutes les figures représentent bien des fragments trouvés dans la zone à *Ammonites angulatus*.

Tous les dessins ont été faits au double de la grandeur naturelle.

Les figures 15 et 16, pl. XXV, représentent la forme la plus habituelle et qui n'est pas très-anguleuse, comme on peut le voir : cet échantillon vient de *la Glande*. Les fig. 17, 18, de *Meyranne*, fragment assez anguleux, remarquable par les cavités qui se voient dans la rentrure entre chaque articulation.

Fig. 13, 14, de *Meyranne* aussi, montrent une forme assez différente, les pointes sont très-saillantes et arrondies en même temps.

Fig. 11, 12, de *la Glande* ; très-petite tige où l'on voit la hauteur relative de chaque articulation très-grande ; proportion la plus habituelle, pour les petits diamètres.

La figure 20, de *Meyranne*, montre une tige portant des verticilles dont la section est parfaitement ronde ; je remarque cependant, à la tige figurée sous le n° 15, que les cicatricules ou empreintes qui servaient à l'insertion des verticilles ont une forme ovale.

La figure 19 représente, toujours avec un grossissement double, un échantillon curieux trouvé par mon ami Victor Thiollière, en 1851. L'étiquette porte : Grès du lias inférieur ou du haut du choin bâtard (Narcel) ; c'est un des bras principaux qui devait appartenir à la tête d'un *Pentacrinus*, probablement au *P. angulatus*. — Ce bras n'est pas rond, mais obscurément et irrégulièrement pentagonal ; les petits rameaux qui le garnissent ne présentent de pièces séparées nulle part qui puissent nous faire connaître la forme de leur section, mais les cicatrices d'insertion, qui sont nombreuses et placées d'une manière arbitraire sur la tige, semblent indiquer qu'elles étaient rondes. Ce spécimen est dans un grès quartzeux à grains moyens, appartenant à la partie inférieure de la zone, ordinairement dépourvue de fossiles ; c'est à la bienveillante communication de mon ami,

M. le docteur Jourdan, conservateur du Muséum d'histoire naturelle, que je dois la possibilité de donner le dessin de ce
bel échantillon qui appartient maintenant au Musée de Lyon,
avec l'importante collection Thiollière.

Enfin, la fig. XXIII, pl. 3 et 4, représente une articulation
de Pentacrine, rapporté de la Glande, par M. Falsan. La fig. 3,
est grossie. La fig. 4, de grandeur naturelle, vue de profil,
fait voir l'épaisseur remarquablement petite de cette articulation ;
ce détail ne s'accorde avec aucun des autres échantillons.

    Localité : Partout. *c.*

    Explication des figures : Pl. XXIII, fig. 3, articulation de
Pentacrine, de la Glande, grossie. Fig. 4, la même, de pro-
fil, de grandeur naturelle. De la collection de M. Albert
Falsan.

    Pl. XXV, fig. 11 et 12, Pentacrinus petite tige, de la
Glande, grossi 2 fois. Fig. 13 et 14, 15 et 16, Pentacrinus
de la Glande, grossi. Fig. 17 et 18, Pentacrinus de Meyranne,
grossi. Fig. 20, autre de Meyranne, avec verticilles, grossi
2 fois. — De ma collection. Fig. 19, bras de Pentacrinus, de
Narcel, grossi 2 fois. De la collection Thiollière.

Crustacés......

(Pl. XXII , fig. 8 et 9, et pl. XXV, fig. 5.)

J'ai recueilli plusieurs échantillons de Crustacés, des couches
calcaires à *Ammonites angulatus,* qui pouvaient présenter quelque intérêt, mais ils ne sont pas pour le moment dans ma collection ; il m'est donc impossible d'en donner ici le dessin ni la
description : les principaux viennent de la Glande et surtout de
Cogny.

On trouvera seulement les figures de deux très-petits fragments trouvés il y a peu de jours, et que je n'attribue à des
Crustacés qu'avec doute.

Le premier, pl. XXII, fig. 8 et 9, représente avec un fort grossissement un petit fragment qui me semble former une articulation de patte de très-petit Crustacé. — De la Glande.

Le second, pl. XXV, fig. 5, représente un autre très-petit fragment de Veyras, grossi 3 fois, et parfaitement conservé. La figure n'exprime pas très-bien la régularité des petites granulations ; la petite coche à la partie inférieure, qui paraît être une cassure dans la figure, est plus adoucie dans l'échantillon et n'est pas accidentelle certainement : elle tient au contour naturel du segment.

Localité : La Glande, Cogny, Veyras.

Explication des figures : Pl. XXII, fig. 8 et 9, fragment de la Glande, fortement grossi. Pl. XXV, fig. 5, fragment de Veyras, grossi 3 fois. De ma collection.

Cypris liasica (Brodie).

1848. Bronn. *Index paleont.*, p. 389.
1855. Terquem. *Paléont. de la prov. de Luxembourg*, pl. XXVI, fig. 12.

Je possède un échantillon de ce très-petit Crustacé, trouvé à Saint-Germain ; il est placé sur une plaque de calcaire en décomposition. Appartient-il à l'espèce indiquée ? La forme correspond exactement à la figure que donne M. Terquem, mais la taille plus grande me laisse des doutes : mon échantillon atteint presque 1 millim. 1/2 de long : il est bivalve et bien entier.

Cette *Cypris* paraît se trouver à Metz, seulement dans les couches à gryphées ; mais à Saint-Germain, c'est bien dans la zone à *Ammonites angulatus* la mieux affirmée que notre exemplaire a été recueilli.

D'après M. Terquem, elle existe à *Hallberstadt*.

Localité : Saint-Germain. *rr.*

Montlivaultia sinemuriensis (d'Orbigny).

(Pl. XXIX, fig. 4 à 8.)

1850. D'Orbigny. *Prodrome sinémurien*, n° 170.
1860. J. Martin. *Paléont. stratig. de l'infrà-lias*, p. 92, pl. VII,
    fig. 21 à 25.

Ce polypier, très-commun dans toutes les parties du bassin
du Rhône, est ordinairement moins développé en hauteur que
les exemplaires figurés dans le mémoire de M. Martin; c'est
un des fossiles les plus importants et les plus caractéristiques pour la zone à *Ammonites angulatus*. — Il se rencontre, d'après d'Orbigny, dans l'*Yonne* et la *Moselle*, et probablement encore dans d'autres contrées; partout il est cantonné
exclusivement dans les couches supérieures de l'infrà-lias.

A *la Glande* et surtout à *Cogny*, il n'est pas rare de trouver
des échantillons qui présentent un calice très-délicatement dégagé de la gangue calcaire et les cloisons ornées de leurs dentelures régulières; plus habituellement cependant c'est la base et
la surface extérieure de l'épithèque qui se montrent dégagées
de la roche.

Je remarque que les dents des cloisons sont plus régulières,
plus découpées profondément et plus aiguës que ne l'indique
la figure 25 de la planche VII, de M. Martin.

    Localité : Partout, mais surtout la Glande, Saint-Germain.
Cogny. *cc.*

    Explication des figures : Pl. XXIX, fig. 4 et 5. Mont-
livaultia sinemuriensis, de la Glande, de grandeur naturelle. Fig. 6, 7, 8. autre individu de la Glande. De ma
collection.

Nota. — Ce qui suit, concernant les polypiers, a été rédigé entièrement sur les notes qu'a bien voulu me fournir mon ami M. H. de Ferry
(*Voir la note page 93*).

Montlivaultia crassa (DE FERRY).

(Pl. XXIX, fig. 1, 2, 3.)

Polypier largement fixé, gros, renflé, subcylindrique et rétréci circulairement au dessous du calice où apparaissent des
traces d'épithèque. Cette épithèque paraît avoir été assez forte
et bien plissée : côtes alternativement inégales et distantes entre
elles de 1 à 2 millim. : calice ovalaire peu profond : espace
columellaire allongé.

96 Cloisons dont les 48 premières sont espacées entre elles
d'environ 3 millim., les autres dans l'intervalle. Traverses bien
développées et écartées de 1 à 2 millim., hauteur du polypier
50 millim.; diamètre des calices, environ 40 millim.

Rapports et différences : le *M. crassa* se distingue jusqu'à
présent de tous ceux du même étage, par ses fortes dimensions.
Les échantillons que nous avons pu examiner sont en mauvais
état et plus ou moins déformés, mais ne laissent aucun doute
sur les caractères généraux de cette espèce. Un calice nous a
présenté des cloisons minces, bien dentées et fortement cannelées sur les deux faces latérales. Il est très-probable aussi qu'il
existe un 6e cycle de cloisons rudimentaires.

Localité : Sologny.

Explication des figures : Pl. XXIX, fig. 1, échantillon
de grandeur naturelle montrant la forme générale, les traverses et des restes de l'épithèque. Fig. 2, autre échantillon
montrant le calice, de grandeur naturelle. Fig. 3, une cloi-
son, grossie 2 fois. De la collection de M. de Ferry. L'on
remarque que la partie renflée de chaque cannelure verticale aboutit à une dent aiguë qui la surmonte.

Montlivaultia Rhodana ? (DE FERRY).

(Pl. XXIX, fig. 12 et 13.)

Polypier cylindro-conique, médiocrement élevé, assez étroit, un peu comprimé et recouvert d'une épithèque à plis espacés qui remonte jusqu'au bord calicinal. Côtes subégales, un peu épaisses : calice ovalaire assez profond, à bords minces : espace columellaire allongé : cloisons nombreuses, minces, serrées, cannelées latéralement : dents cloisonnaires rapprochées, peu élevées, légèrement mousses et disposées de deux manières différentes ; celles qui se rapprochent du centre, assez régulièrement espacées, dégagées et subégales ; les autres irrégulièrement serrées, peu saillantes, de taille inégale et diversement groupées. Cette dernière disposition fait quelquefois paraître le bord septal comme divisé en petits lobes arrondis et denticulés au sommet. 5 cycles complets ; les cloisons des trois premiers plus développées que les autres et peu inégales entre elles, celles des derniers ordres tout à fait rudimentaires.

Hauteur du polypier 20 millim., diamètre du calice 13 millim., profondeur 1 millim., nombre des cloisons 106, dont 65 plus grandes, et une douzaine de dents chez les principales.

Rapports et différences : le mode de division du bord septal de cette epèce rappelle celui du *M. sinemuriensis ;* son espace co-lumellaire est également allongé, mais son calice est plus profond et ses cloisons paraissent plus nombreuses, plus minces et moins fortement dentées.

Localité : La Glande. *r.*

Explication des figures : Pl. XXIX, fig. 12 et 13, Montlivaultia Rhodana, de la Glande.

Thecosmilia Martini (De Fromentel).

(Pl. XXIX, fig. 9, et 10.)

Ce Polypier, que nous avons déjà décrit de la zone inférieure, paraît fort rare dans le Mont-d'Or, dans la zone à *Ammonites angulatus ;* mais il se montre souvent à ce niveau dans les environs de Mâcon et en Bourgogne, d'après M. J. Martin.

L'échantillon dessiné pl. XXIX, fig. 9 et 10, forme un petit groupe, composé de trois calices étagés qui appartiennent probablement au *Th. Martini* jeune.

Localité : Chevagny, la Glande.

Explication des figures : Pl. XXIX, fig. 9, groupe de la Glande, de grandeur naturelle. Fig. 10, le même, vu par dessus.

Thecosmilia major (De Ferry).

(Pl. XXVIII, fig. 1, 2, 3, 4.)

Polypier en masse buissonneuse, formée de polypiérites dichotomes, libres dans une assez grande étendue, et entourés d'une épithèque complète, fortement plissée.

Calices circulaires, ovalaires ou légèrement déformés, avec 60 à 72 cloisons bien visibles, distantes entre elles d'à peu près 1 millim ou un peu moins, subégales en épaisseur, mais différant en largeur suivant les ordres auxquels elles appartiennent : celles des trois premiers cycles, soit les 24 premières, arrivant seules généralement jusqu'au centre, où elles présentent deux ou trois dents très-fortes et beaucoup plus saillantes que partout ailleurs. Il paraît y avoir un nombre égal de cloisons rudimentaires : aussi, sur quelques échantillons, voit-on apparaître l'extérieur des polypiérites très-finement strié, lorsque l'épithèque est usée : les traverses sont bien développées, inclinées vers le centre et distantes entre elles de 1/2 à 1 millim.

Le diamètre des calices varie de 15 à 24 millim.

Localité : Chevagny-les-Chevrières. Sologny, Burgy.

Explication des figures : Pl. XXVIII, fig. 1, gros échantillon de Chevagny, groupe de grandeur naturelle. Fig. 2 et 3, parties supérieures d'un autre échantillon de Sologny, montrant les calices aussi de grandeur naturelle. De la collection de M. de Ferry. Fig. 4, échantillon de Burgy. De ma collection.

Thecosmilia........?

(Pl. XXIX, fig. 14.)

Jusqu'à nouvel ordre je n'ose faire de ces deux polypiers réunis, ni des Montlivaultia, ni des *Thecosmilia*. Le calice supérieur présente un grand axe que semble indiquer la fissiparité.

Localité : Cogny. *r.*

Explication des figures : Pl. XXIX, fig. 14, morceau de calcaire avec deux individus de Thecosmilia? de grandeur naturelle.

On trouvera même planche XXIX, fig. 11, le dessin, grossi 2 fois, d'un polypier très-délicat, de la Glande, qui se trouve posé sur une valve de Cardinie; le calice est saillant au milieu de 1 millim. à peu près. Le polypier est complétement adhérent et les bords du calice se perdent absolument, en épaisseur, sur la coquille qui lui sert de support.

Isastræa intermedia (DE FERRY).

(Pl. XXVII, fig. 1 et 2.)

Polypier massif, assez élevé : calices médiocrement profonds.

séparés par des murailles minces : cloisons médiocrement serrées, au nombre de 26 à 42 environ, suivant la grandeur des calices, un peu épaisses, surtout au pourtour du bord mural : traverses distantes de 1/2 à 1 millim.

L'*Isastræa intermedia* diffère de l'*I. excavata* (voir plus loin) par ses calices plus petits, ses cloisons moins nombreuses, et relativement plus épaisses. Le mauvais état des échantillons rend cette appréciation difficile et empêche de saisir complétement leurs rapports avec les deux autres *Isastrées*, décrites par M. de Fromentel (mémoire de M. J. Martin, *Paléont. stratig. de l'infrà-lias*, p. 93, pl. VII, fig. 16 et 20). L'*Isastræa sinemuriensis*, pour des calices de 8 millim., compte 78 cloisons : l'*Isastræa basalti-formis*, pour des calices de 12 à 15 millim., compte 32 à 50 cloisons, espacées entre elles d'environ 1 millim.

Localité : Cogny, partie supérieure de la zone. *r*.

Explication des figures : Pl. XXIX, fig. 1, Isastræa intermedia, de grandeur naturelle. Fig. 2, calices grossis 2 fois.

Isastræa excavata (DE FERRY).

(Pl. XXX, fig. 1 et 2.)

Polypier de très-grande taille, convexe, subgibbeux, montrant à sa partie inférieure plusieurs niveaux de polypiérites superposés et entourés d'une épithèque plissée.

Calices polygonaux profonds, à bords en arêtes tranchantes : cloisons assez serrées au nombre de 48 à 60 environ, suivant le diamètre des calices, minces, peu inégales, finement et irrégulièrement dentées : traverses minces et rapprochées. Diagonale des calices de 15 à 20 millim., leur profondeur varie de 5 à 8 millim.

Localité : Montmirail, partie supérieure de la zone. *r*.

Explication des figures : Pl. XXX, fig. 1. Polypier de

grandeur naturelle, vu par côté. Fig. 2, le même. vu par dessus.

Neuropora mamillata (E. de Fromentel).

(Pl. XXVII, fig. 3 et 4.)

1860. De Fromentel. Mémoire de M. J. Martin. *Paléont. stratigr. de l'infrà-lias*, p. 91 pl. VII, fig. 11 à 15.

Ce bryozoaire intéressant n'est pas caractéristique pour la zone à *Ammonites angulatus*, puisqu'il se trouve, au moins en aussi grande abondance, dans les couches inférieures du lias. Partout les dimensions des rameaux et leur forme irrégulière sont semblables : c'est le diamètre de 6 à 7 millim. qui est le plus habituel ; ces rameaux sont grossièrement cylindriques, mais on peut dire plutôt qu'ils sont couverts de facettes. — Les petites pyramides surbaissées qui couvrent les tiges rendent très-irrégulières la surface du testier. — Il faut remarquer que les rameaux ne s'embranchent pas comme le ferait un végétal, mais semblent se souder à angle aigu, irrégulièrement, sans que leur diamètre paraisse varier beaucoup dans un même groupe.

Quelquefois les petites élévations étoilées sont assez rapprochées pour former une longue arête qui suit irrégulièrement le côté d'un rameau.

Il est bien rare de trouver des exemplaires ayant conservé le détail si élégant de leurs ornements ; néanmoins ce qui reste ordinairement suffit pour faire reconnaître l'espèce, sans confusion possible.

Localité : La Glande, Ville-sur-Jarnioux, Veyras.

Explication des figures : Pl. XXVII, fig. 3, Neuropora de Ville-sur-Jarnioux, groupe de grandeur naturelle. Fig. 4, détail de la surface, grossi. De ma collection.

Neuropora socialis (Nov. sp.).

Pl. XXVII, fig. 5, 6, 7.)

Dans le département de l'Ardèche, près de l'Argentière, et surtout dans les environs de Privas, on trouve, dans la zone à *Ammonites angulatus*, des calcaires gris de fumée, compactes, contenant une immense quantité de petites tiges arrondies, se divisant souvent en branches comme le ferait un végétal, et d'un diamètre habituel de 2 à 3 millim. 1/2 ; comme ces tiges ou rameaux sont entièrement silicifiés, elles restent en saillies sur les fragments de calcaire décomposé ; elles paraissent couvertes entièrement d'orbicules siliceux, d'un très-grand volume relativement, et qui ne laissent voir ordinairement aucune trace d'organisation. Ces petits rameaux semblent d'abord bien difficiles à déterminer ; cependant, en examinant avec attention un grand nombre de fragments, l'on finit par trouver quelques petites places où la couche supérieure, chargée d'ornements, est restée adhérente, et l'on reconnaît que l'on a affaire à un bryozoaire anologue à celui que nous venons d'enregistrer sous le nom de *Neuropora mamillata*.

Depuis mes premières courses, j'ai réussi à trouver dans la localité des fragments un peu plus complets comme détails, et je me suis décidé à lui donner une place à part, sous le nom de *Neuropora socialis;* les raisons qui m'ont engagé à le faire sont les suivantes :

1° Les petites pyramides ont beaucoup d'analogie avec celles du *N. mamillata*, mais forment des facettes plus arrondies ; les péristomes ne paraissent que comme des granulations qui couvrent tout le rameau.

2° L'allure des rameaux et la manière dont ils forment leurs embranchements est moins confuse, plus régulière, plus analogue à un végétal que chez le *N. mamillata*.

12

3° Le diamètre des branches est de moitié plus petit; les branches sont plus rondes.

4° Le *N. socialis* ne se trouve pas, comme le *N. mamillata*, dans la couche supérieure la plus extrême de la zone, mais dans le milieu à peu près des couches fossilifères.

5° Enfin et surtout, au lieu de vivre en petit groupes isolés, il forme des colonies puissantes, remplissant des couches assez épaisses sur une étendue horizontale considérable, de manière que l'on ne puisse pas trouver un seul fragment qui ne soit criblé de ses petits rameaux.

Le *N. socialis* paraît être localisé dans l'Ardèche, où il est caractéristique de la zone et où il joue un rôle des plus importants, surtout à Veyras.

Localité : Veyras, entre la route impériale et le village, Croisée de l'Argentière, en allant à User. *cc.*

Explication des figures : Pl. XXVII, fig. 5, Neuropora socialis de Veyras, de grandeur naturelle. Fig. 6, détail de la surface, grossi. Fig. 7, échantillon de Veyras, silicifié. De ma collection.

Diastopora?......

(Pl. XXVII, fig. 8, 9, 10.)

Testier globuliforme, obscurément cupuliforme, adhérant fortement dans le calcaire par toute sa base; composé de petites murailles verticales contournées qui forment sur toute la surface arrondie une grande quantité de petites loges irrégulières, comme vermiculées. — Il m'a été impossible de distinguer les péristomes ni aucun détail d'organisation, quoique je possède des échantillons en bon état et parfaitement dégagés. Le diamètre du testier va de 10 à 15 millim., sa hauteur de 4 à 8 millim. Les petits canaux de formes irrégulières ont une ouverture de 1/2 à 3/4 de millim. — Ils paraissent former plusieurs étages, sans que l'on puisse saisir leurs relations entre eux ; les petites murailles ont une épaisseur de 1/4 de millim. environ. — Est-ce vraiment un Diastopora ? Quoi qu'il en soit, la forme est très-facile à reconnaître. Ce bryozoaire se montre au nord comme au sud du bassin du Rhône, et il peut être compté au nombre des fossiles caractéristiques.

Localité : Veyras, les environs de Mâcon, d'après M. de Ferry.

Explication des figures : Pl. XXVII, fig. 8, Bryozoaire de Veyras, de grandeur naturelle. Fig. 9, autre individu de la même localité. Fig. 10, fragment grossi. De ma collection.

Berenicea ?......

(Pl. XXVII. fig. 11 et 12.)

L'échantillon de la Glande que j'ai sous les yeux, est remarquable par ses grandes dimensions : le testier, qui me paraît isolé dans la gangue calcaire qui l'entoure en partie, mesure, dans la partie seulement qui est dégagée, 23 millim. de longueur, 13 de largeur sur une épaisseur qui va de 3 à 4 millim. : c'est une plaque, à couches superposées et à surface irrégulièrement plane. Les péristomes, marqués par de très-fines perforations, sont placés au milieu d'une petite tache blanchâtre et forment des séries à peu près rectilignes qui se touchent : les testules s'allongent verticalement en forme de petits tubes droits, juxtaposés ; le tout composant une plaque compacte, sans aucuns vides. Une partie de la surface supérieure, qui me paraît mieux conservée, montre une multitude de petites vallées, opposées les unes aux autres, très-courtes, à contours arrondis, ce qui donne à cette partie du testier une apparence vermiculée et réticulée en même temps.

Localité : La Glande. r.

Explication des figures : Pl. XXVII, fig. 11, Bryozoaire de la Glande, de grandeur naturelle. Fig. 12, portion grossie du même. De ma collection.

Fucoïde........

(Pl. XXIX, fig. 15.)

Dans le bassin du Rhône les traces de végétaux fossiles manquent presque entièrement : le seul échantillon que j'ai pu recueillir jusqu'à présent vient de Vinezac; il est placé sur une petite plaque des calcaires gris de fumée, foncés, qui se montrent au niveau de l'*Ammonites angulatus* dans cette localité : c'est un fucus dont les petits rameaux, partout d'une largeur égale, se développent fort élégamment en tige arborescente et se subdivisent en formant des angles aigus.

L'échantilllon s'étend sur une longueur de 28 millim. et sur 20 de largeur. Les ramules n'ont pas plus de 1/2 millim. de large et se dessinent très-nettement en saillie sur le calcaire devenu à la surface gris jaunâtre clair par décomposition.

Localité : Vinezac. *rr.*

Explication des figures : Pl. XXIX, fig. 15, Fucoïde de Vinezac, grossi 2 fois. De ma collection.

GÉNÉRALITÉS SUR LES FOSSILES.

Les fossiles les plus importants de la zone à *Ammonites angulatus*, dans le bassin du Rhône, peuvent être rangés dans l'ordre suivant, en prenant en considération, soit leur abondance dans l'ensemble des gisements, soit leur grand développement sur quelques points, soit enfin leur diffusion dans toutes les parties de l'ensemble :

Littorina clathrata.
Ammonites angulatus.
Lima gigantea.
Lima duplicata.
Cardinia Listeri.
Cerithium verrucosum.
Pleurotomaria Martiniana.
Pleurotomaria anglica.
Montlivaultia sinemuriensis.
Serpula socialis.
Arca pulla.
Cardinia sulcata.
Cardinia hybrida.
Pentacrinus angulatus.
Rhynchonella variabilis.
Cerithium lugdunense.
Cerithium semele.
Neuropora socialis.
Phasaniella nana.
Pinna trigonata.
Neuropora mamillata.

Je réunis dans la liste suivante les fossiles qui me paraissent spéciaux à la subdivision caractérisée par l'*Ammonites angulatus* ; ceux marqués d'un astérisque n'ont encore été trouvés que dans le bassin du Rhône, tous doivent être considérés comme caractéristiques de la zone :

Ammonites angulatus.
Turritella Dunkeri.
Chemnitzia polita.
Phasianella nana.
* *Orthostoma gracile.*
Pleurotomaria principalis.
Pleurotomaria Martiniana.

Cerihium verrucosum.
Cerithium etalense.
Cerithium lugdunense.
Arca pulla
Cardita Heberti.
· *Pinna trigonata.*
Pinna similis.
Limea Koninckana.
· *Lima campanula.*
· *Lima cometes.*
· *Pecten veyrasensis.*
Montlivaultia sinemuriensis
· *Montlivaultia crassa.*
· *Isastræa intermedia.*
· *Isastræa excavata.*
· *Neuropora socialis.*

Pour ne pas allonger trop cette liste, je néglige d'y ajouter tous les petits gastéropodes décrits aux pages précédentes et qui donnent un caractère spécial à la Faune si intéressante de ce niveau : on remarquera, de plus, que le plus grand nombre des espèces nouvelles doit figurer parmi les fossiles spéciaux au bassin du Rhône.

Enfin, si l'on veut considérer les espèces qui passent de l'infrà-lias dans les couches inférieures du lias, on trouve que ces fossiles sont assez nombreux relativement. Comme on pouvait le supposer, ces espèces se montrent dans les couches les plus supérieures de la zone à *Ammonites angulatus*, et il y a un passage presque insensible, bien caractérisé par un certain mélange des deux faunes.

Il est fort curieux d'observer que parmi le bon nombre de fossiles qui passent d'une zone dans l'autre, il ne se trouve pas un seul des gastéropodes si importants et si remarquables de la zone à *Ammonites angulatus*.

Voici la liste des fossiles qui se retrouvent dans le lias inférieur :

Acrodus nobilis.
Ammonites bisulcatus.
Nautylus striatus.
Lucina arenacca.
Cardinia Listeri.
Cardinia sulcata.
Cardinia hybrida.
Pinna Hartmanni.
Mytilus scalprum.
Lima gigantea.
Lima antiquata.
Lima duplicata.
Pecten Hehli.
Gryphæa arcuata.
Neuropora mamillata.
Rhynchonella variabilis.

Nous redirons, en terminant, que malgré les recherches attentives faites sur quelques points, il est hors de doute qu'une très-grande partie de la faune de la partie supérieure de l'infrà-lias est encore inconnue. — Toutes les fois que des circonstances favorables mettent à la portée de l'observateur des fragments où les fossiles ont pu se conserver, on est presque sûr de trouver de nouvelles espèces. Malheureusement ces couches sont très-rarement exploitées, et d'ailleurs un grand nombre de gisements sont encore inexplorés ; il faut donc regarder nos listes, pour cet étage, comme tout à fait provisoires.

Les détails dans lesquels nous venons d'entrer me paraissent justifier la manière de voir que semblent adopter aujourd'hui la plupart des géologues qui s'occupent de la formation jurassique, en réunissant en un même groupe, sous le nom d'INFRA-LIAS, tout ce qui se trouve compris entre le bone-bed et les couches du lias inférieur à *Gryphæa arcuata*. Dans la nomenclature adoptée par

d'Orbigny, tout cet ensemble est désigné sous le nom de sinémurien, partie inférieure ; cependant si l'on considère que cette série, si variée, comprend trois faunes successives, aussi tranchées
et aussi régulières que celles qui distinguent les divers niveaux
du lias, par exemple, il paraît impossible de continuer à ranger
tout ce groupe si complexe dans la partie inférieure d'une des
subdivisions du lias lui-même (le sinémurien).

Le terme d'infrà-lias me paraît convenable pour désigner
avec netteté le nouvel étage que nous venons d'étudier : d'une
prononciation facile, portant en lui-même l'indication de son
niveau géologique, d'une forme commode par son analogie avec
le mot *lias* universellement adopté, il a de plus l'avantage, comme
ce dernier, de se maintenir invariable dans toutes les langues.

Nous adopterons donc l'expression d'infrà-lias pour caractériser l'étage ou la division de la formation jurassique placé entre
le keuper et le lias, étage que l'on peut regarder comme aussi
nettement caractérisé que l'étage du lias ou l'étage oxfordien.

L'étage de l'infrà-lias, comme nous venons de le voir, se sub-
divise en trois zones.— La zone inférieure caractérisée par l'*Avicula contorta ;* les fossiles se trouvent réunis dans une couche
peu épaisse et sont difficiles à observer : il est presque impossible d'assigner une épaisseur à cette partie de l'infrà-lias qui varie beaucoup, pour l'importance relative des couches, d'un point
à un autre, et qui n'est jamais visible que sur des affleurements ;
nous l'estimerons à une épaisseur moyenne de 15 mètres.

La zone moyenne, caractérisée par l'*Ammonites planorbis,* a
été évaluée (voir page 20) à 12 ou 18 mètres.

La zone supérieure, caractérisée par l'*Ammonites angulatus,*
comprend une épaisseur de 6 à 8 mètres.

Nous avons donc, pour l'ensemble de l'étage de l'infrà-lias
dans le bassin du Rhône, une épaisseur moyenne de 35 mètres.

Depuis que les pages précédentes ont été livrées à l'impression, de nouvelles recherches dans le Mont-d'Or lyonnais m'ont enfin fait rencontrer le *bone-bed* sous sa forme ordinaire, à *Létra*, petit hameau du mont *Narcel*, au dessus de *Saint-Didier* (Rhône). C'est un grès de couleur brun jaunâtre, à grains de grosseurs irrégulières, dont la plus grande partie appartient au quartz hyalin, à éclat gras : la pâte est formée par une marne durcie, jaunâtre, matte, et la roche n'a pas une grande cohésion. Les dents qui caractérisent partout le bone-bed ainsi que les écailles de poisson, y sont très-abondantes; les dents sont grosses, relativement; ainsi je remarque sur mon échantillon une dent d'*Acrodus minimus*, d'une longueur de 8 millim. La roche, par sa couleur, sa composition et un aspect gras particulier, est très-semblable au *bone-bed* de la Souabe et à celui dont M. Sauvaneau avait recueilli des échantillons dans les montagnes du Bugey.

En se reportant au commencement de ce volume, page 5, le lecteur verra que pendant bien longtemps cette zone caractéristique du *bone-bed* a été inutilement cherchée dans nos environs ; aujourd'hui la découverte de ce grès a cela de piquant qu'elle nous force à admettre, dans le Mont-d'Or lyonnais, deux *bone-bed*, de composition minéralogique très-différente, mais contenant tous les deux les dents et les débris caractéristiques de ce niveau ; en effet, le point où nous avons signalé le bone-bed (page 4 et 5) sous la forme d'un calcaire à vacuoles, rosâtre, lie de vin, est très-rapprochée du hameau de *Létra* où nous venons de rencontrer le grès ; trop rapproché, je le pense du moins,, pour pouvoir admettre un changement tel dans la nature minéralogique d'un même dépôt, que le grès de *Létra* soit le représentant et l'équivalent du calcaire lie de vin de la *Font-Poivre*. — Il est donc tout à fait probable que le grès et le calcaire, chargés des mêmes fossiles, existent ensemble à Létra aussi bien qu'à Limonest, et qu'ils ne sont séparés verticale-

ment que par un intervalle qui ne peut pas être très-grand. —
Je serais assez à porté croire que c'est le grès qui est placé sur
le calcaire lie de vin ; mais comme je n'ai trouvé encore que des
fragments de ce grès, sans avoir pu étudier la couche en
place, je ne puis rien affirmer.

De nouvelles recherches me permettent aussi de compléter ce que
j'avais dit (pages 6 et 7) sur la couche qui renferme l'*Avicula
contorta ;* je puis maintenant signaler plusieurs points dans le
Mont-d'Or, où cette coquille caractéristique se trouve en nombre
notable et de plus associée à d'autres fossiles.

La connaissance de ces nouveaux gisements démontre que la
couleur brunâtre des plaquettes du calcaire marneux de Limonest, n'était qu'un accident dû probablement à l'action prolon-
gée des intempéries, car partout ailleurs l'*Avicula contorta* se
rencontre dans les cargneules couleur jaune soufre, un peu foncé,
et ornées de petites dendrites noir bleu, dues sans doute au man-
ganèse. — Les fossiles paraissent se trouver exclusivement dans
les morceaux les plus compactes et qui n'ont pas de vacuoles. —
Comme ces fossiles ne se distinguent que par leur forme, sans
offrir la moindre différence de couleur avec la roche elle-même
qui les contient, il faut une certaine attention pour les apercevoir, quoiqu'ils soient d'une assez bonne conservation.

Les cargneules, couleur jaune matte, forment comme nous
l'avons déjà dit une série assez épaisse au Mont-d'Or, souvent les
fragments sont remplis de cavités et de plus fortement cloison-
nés. — Les fossiles ne se trouvent que sur quelques points et
probablement dans une seule des couches de la série. — Cette
circonstance explique qu'ils aient pu échapper si longtemps aux
recherches les plus attentives. Voici l'indication des localités :

L'*Avicula contorta* se trouve à *Saint-Cyr*, pentes au dessus du
chemin d'*Arche*.

A *Saint-Didier*, près de *Méruzin*, au nord de la *Croix-des-Ra-
meaux*, l'*Avicula contorta* s'y trouve associée au *Tæniodon præcursor*, à une autre petite coquille appartenant au même genre

et au *Pecten valoniensis*. — Ce gisement a été découvert par M. Albert Falsan.

A *Saint-Didier*, hameau de *Létra*, mêmes fossiles qu'à *Méruzin*.

A *Saint-Germain-au-Mont-d'Or*, au dessus des carrières de grès. — Belle localité : on y trouve, toujours dans les cargneules jaunes, compactes :

> *Avicula contorta.* — Nombreuses.
> *Pecten valoniensis* (Defrance).
> *Mytilus*........
> *Cardita austriaca* (Hauer).
> *Gervillia inflata* (Schafhæutl).
> *Cardium Philippianum* (Dunker).
> *Trigonia postera* (Quenstedt).

Ces cargneules se font remarquer à *Saint-Germain* par un accident minéralogique curieux : les blocs, surtout à la partie inférieure du groupe, sont veinés de filons irréguliers blancs bleuâtres, opalins, qui contrastent avec la couleur jaune matte, uniforme, de la roche ; les blocs avec opales ne m'ont pas offert de fossiles.

A Anse (Rhône), hameau de la Gontière, la même roche, toujours un calcaire mat, grain fin, compacte, jaune soufre (associée à des cargneules cloisonnées de même nuance), contient l'*Avicula contorta* et la *Cardita austriaca*.

Les indications de fossiles que je viens de donner pour la zone de l'*Avicula contorta*, ne doivent être considérées que comme un premier aperçu de ce que l'on pourra trouver dans des localités qui sont à peine connues.

TABLE

DE LA PREMIÈRE PARTIE

ERRATA

Pages.	Lignes.	au lieu de :	lisez :
13.	25.	OPREL.	OPPEL.
14.	21.	*Schœfhautli*	*Schafhœutli*.
16.	5.	A l'exception du *mytilus glabratus*, supprimer.	
25.	19.	*minimus*.	*minima*
	20.	*nudus*.	*nuda*.
26.	20.	**Ichthiosaurus** .	**Ichthyosaurus**.
38.	2.	ses couches. . . .	ces couches.
77.	6.	*decussasis*.	*decussatis*.
86.	20.	rangée, qui. . . .	rangée de granules. qui.
87.	30.	**Diadenopsis**. . .	**Diademopsis.**
107.	30.	*nevinea*	*nerinea*.
112.	23.	Altheilung	Abtheilung.
141.	17.	*carenatis*.	*carinatis*.
158.	14.	grossie six fois. . .	grossie trois fois.
Pl. XIII.	7.	Saint-Quentin. . .	Saint-Fortunat.

Lyon. — Imp. de Pinier, successeur de Richard, 31, rue Tupin.

PLANCHE I.

Zone de l'Avicula contorta.

Fig. 1. 2. 3. **Tœniodon prœcursor** (Schlœnbach), page 12.

    1. Plaquette couverte de valves de Tœniodon de St-Didier (Rhône), de grandeur naturelle.

    2. Tœniodon prœcursor, coquille grossie 5 fois.

    3. La même, du côté des crochets.

Du Bone-bed.

4. Dent d'**Acrodus minimus** (Meyer), du Beausset, fortement grossie, page 6.

Zone de l'Avicula contorta.

5. **Anatina prœcursor** (Oppel), de Lagnieu, de grandeur naturelle, page 13.

6. **Myacites Escheri** (Winkler), de Bully, de grandeur naturelle, page 14.

7. **Nucula...**, d'Aubenas, de grandeur naturelle, page 11.

Zone de l'Ammonites planorbis.

8. 9. 10. 11. 12. **Ostrea sublamellosa** (Dunker), page 79.

    8. Ostrea sublamellosa, groupe de Gammal, de grandeur naturelle.

    9. Même coquille, jeune, de Gammal, de grandeur naturelle.

    10. 11. 12. Individu de Narcel, de grandeur naturelle.

13. 14. 15. 16. **Plicatula intus-striata** (Emmerich), page 74.

    13. Plicatula intus-striata, échantillon bivalve de la Croix du Saule, sur une valve du Pecten Pollux, grandeur naturelle.

    14. Individu de St-Fortunat, valve inférieure.

    15. Même valve, de Veyras, sur un fragment de Lima valoniensis.

    16. La même, grossie deux fois.

17. 18. Vertèbre d'**Ichtyosaurus**, de la Croix du Saule, de grandeur naturelle, page 26.

Pl. I.

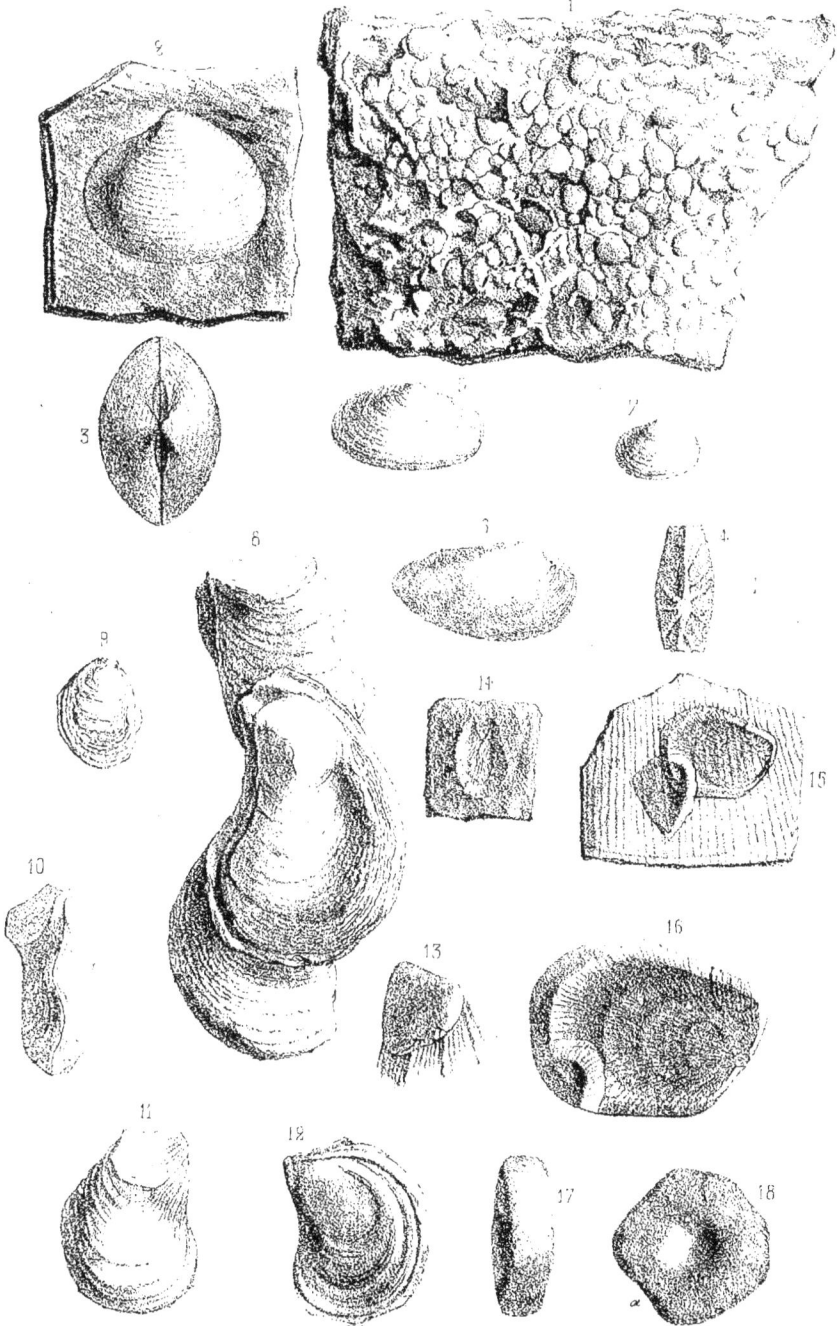

PLANCHE II.

Zone de l'Ammonites planorbis.

Fig. 1. 2. 3. 4. Vertèbre d'**Ichtyosaurus**, d'Antully, page 26.

    1. Vertèbre vue de face, moitié grandeur.

    2. La même, vue par dessus.

    3. La même, vue par côté.

    4. Portion de la surface, prise au point (a) de la fig. 1, grossie deux fois.

  5. **Polypier** de Gammal, vu par dessus, de grandeur naturelle, p. 97.

  6. Autre individu, de Gammal, vu par dessous, page 97.

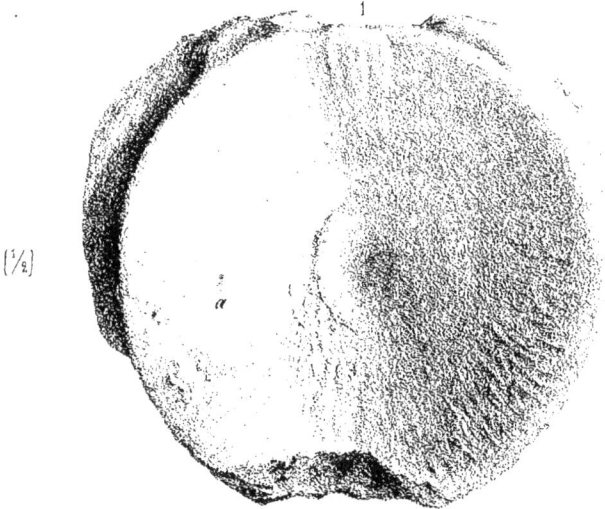

(½)

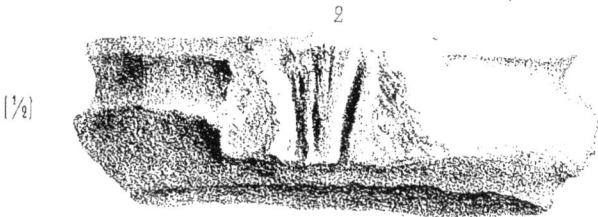

(½)

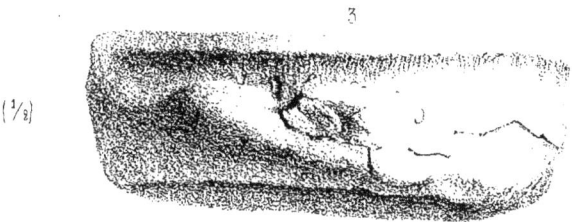

(½)

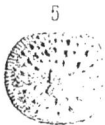

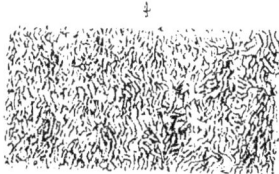

Ad nat. in lap. J. Bonard

Lyon Lith. Th Lepagnez r de Cuire 10.

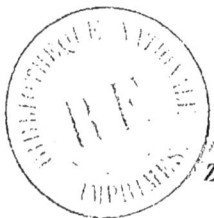

PLANCHE III.

Zone de l'Ammonites planorbis.

Fig. 1. 2. **Ammonites**....., de Vinezac, fragment de grandeur naturelle, page 28.

3. **Cerithium viticola** (Nov. spec.) de Cogny, grossi six fois, page 31

4. **Astarte thalassina** (Quensted), de Gammal, de grandeur naturelle, page 33.

5. 6. **Isocardia**....., de Vinezac, moule de grandeur naturelle, p. 32.

7. 8. 9. 10. **Cardinia**...... moules appartenant à des espèces différentes, de Veyras, de grandeur naturelle, page 34.

11. **Pinna semistriata** (Terquem), de St-Fortunat, de grandeur naturelle, page 39.

12. Autre spécimen de Narcel.

13. Section de la coquille, fig. 12.

14. **Pinna crumenilla** (Nov. spec.), de Gammal, de grandeur naturelle, page 40.

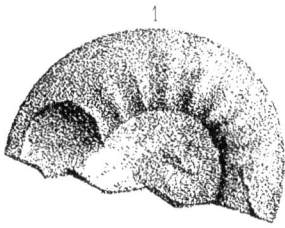

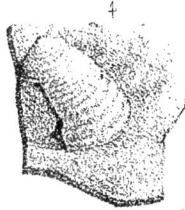

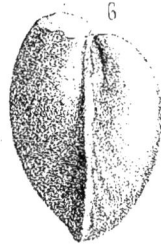

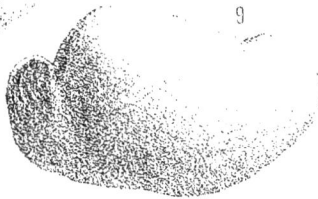

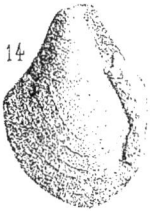

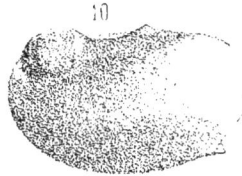

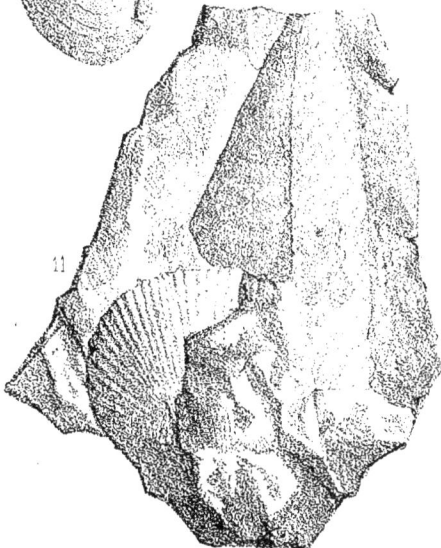

PLANCHE IV.

Zone de l'Ammonites planorbis.

Fig. 1. 2. 3. **Hinnites velatus** (Goldfuss. sp.). Echantillon bivalve de
Gammal, de grandeur naturelle, page 70.

1. Vu par dessous.
2. Vu par dessus.
3. Du côté de la région palléale.

4. 5. 6. **Cardinia eveni** (Terquem). Echantillon bivalve de Veyras,
de grandeur naturelle, page 33.

7. 8. **Turbo albinatii** (Nov. sp.), d'Aubenas, de grandeur naturelle,
page 30.

9. 10. 11. **Ostrea Rhodani** (Nov. sp.), page 82.

9. Individu de Gammal, vu par côté, de grandeur naturelle.
10. Le même, vu de face.
11. Autre individu de Gammal.

12. **Nucula**...., de Gammal, grossie deux fois, page 39.

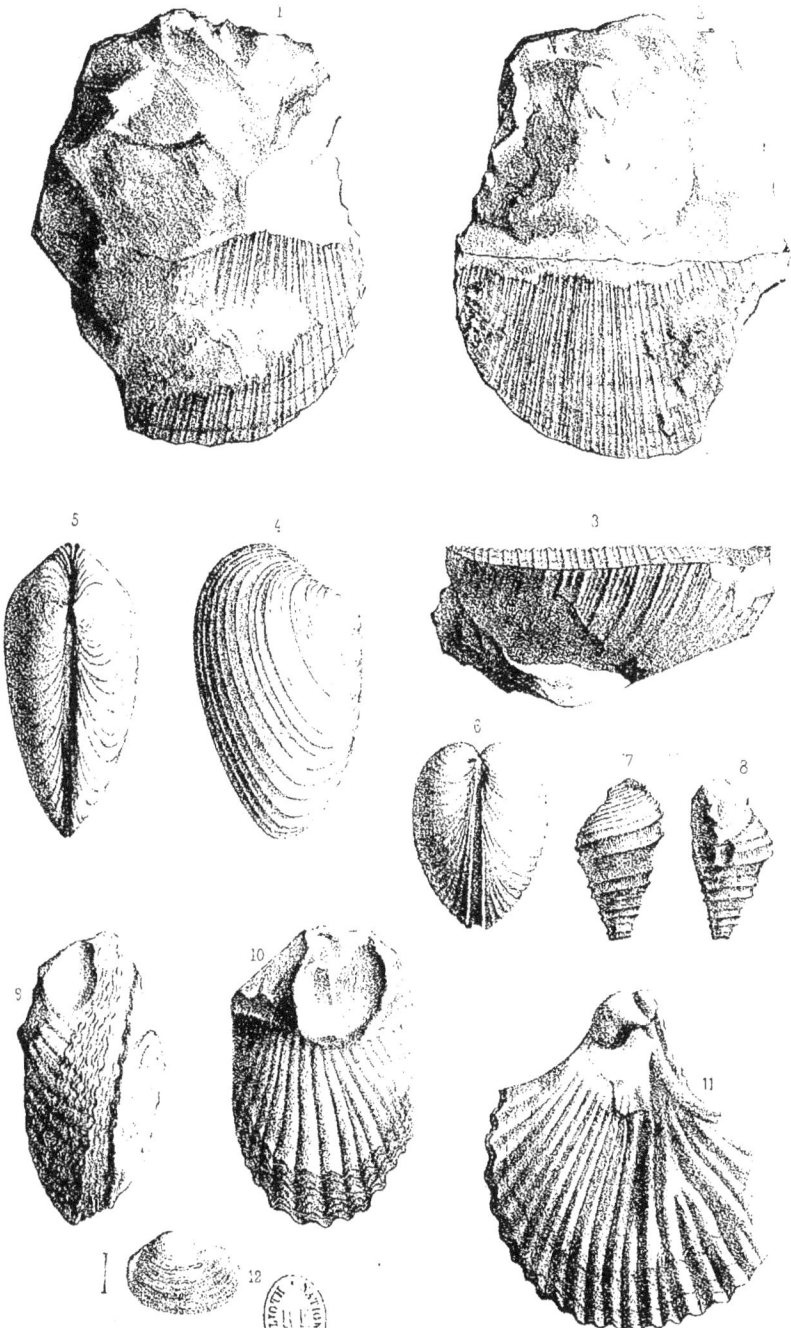

Ad. nat. m. lap J. Bérard.

Lyon, Lith. Th. Lepagnez, r. du Cuire. 30.

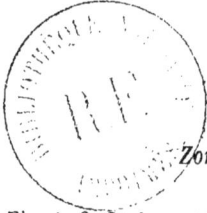

PLANCHE V.

Zone de l'Ammonites planorbis.

Fig. 1. 2. 3. 4. **Mytilus stoppanii** (Nov. sp.), page 42.

    1. 2. Echantillon de Gammal, de grandeur naturelle.

    3. 4. Echantillon du Chaylard, de grandeur naturelle.

5. 6. **Gervillia....?** Individu bivalve de Narcel, de grandeur naturelle, page 53.

7. 8. **Pholadomya glabra** (Agassiz), page 45.

    7. Individu de Narcel, de grandeur naturelle, vu du côté des crochets.

    8. Autre spécimen de Narcel.

9. 10. **Pholadomya prima** (Quensted), de Veyras, de grandeur naturelle, page 45.

11. 12. **Gervillia obliqua** (Martin), page 52.

    11. Individu de Narcel, grandeur naturelle.

    12. Autre de Veyras, grandeur naturelle.

13. 14. **Cypricardia Breoni** (Martin), de Gammal, grandeur naturelle, page 35.

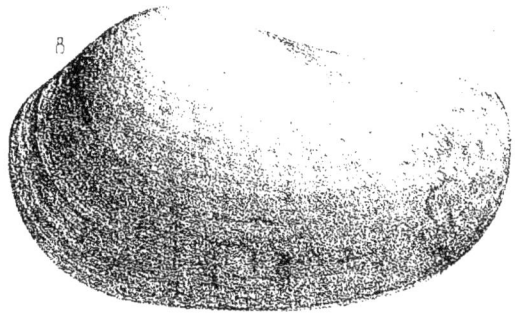

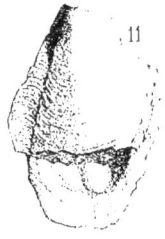

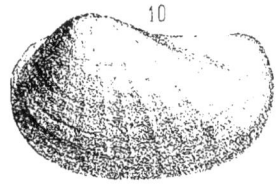

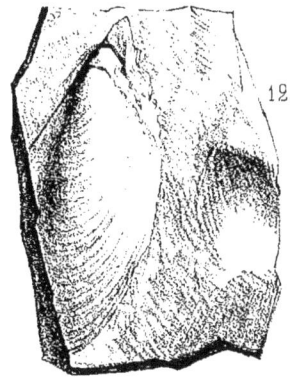

Ad. nat. in lap.

Imp. Lemercier et Cie. 10.

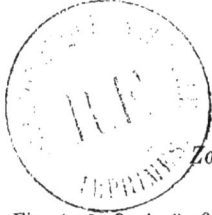

PLANCHE VI.

Zone de l'Ammonites planorbis.

Fig. 1. 2. 3. 4. 5. 6. 7. **Cypricardia porrecta** (Nov. spec.), page 36.

    1. 2. Individu du Chaylard, grandeur naturelle.

    3. Individu de Gammal.

    4. Individu de Burgy.

    5. Le même, du côté des crochets.

    6. Le même, du côté de la région palléale.

    7. Le même, du côté antérieur, grossi deux fois, pour montrer
        le sillon qui descend des crochets.

8. 9. 10. **Lima valoniensis** (Defrance sp.), page 53.

    8. Lima de Gammal, de grandeur naturelle,

    9. La même, vue du côté des crochets.

    10. Portion du test, grossie deux fois.

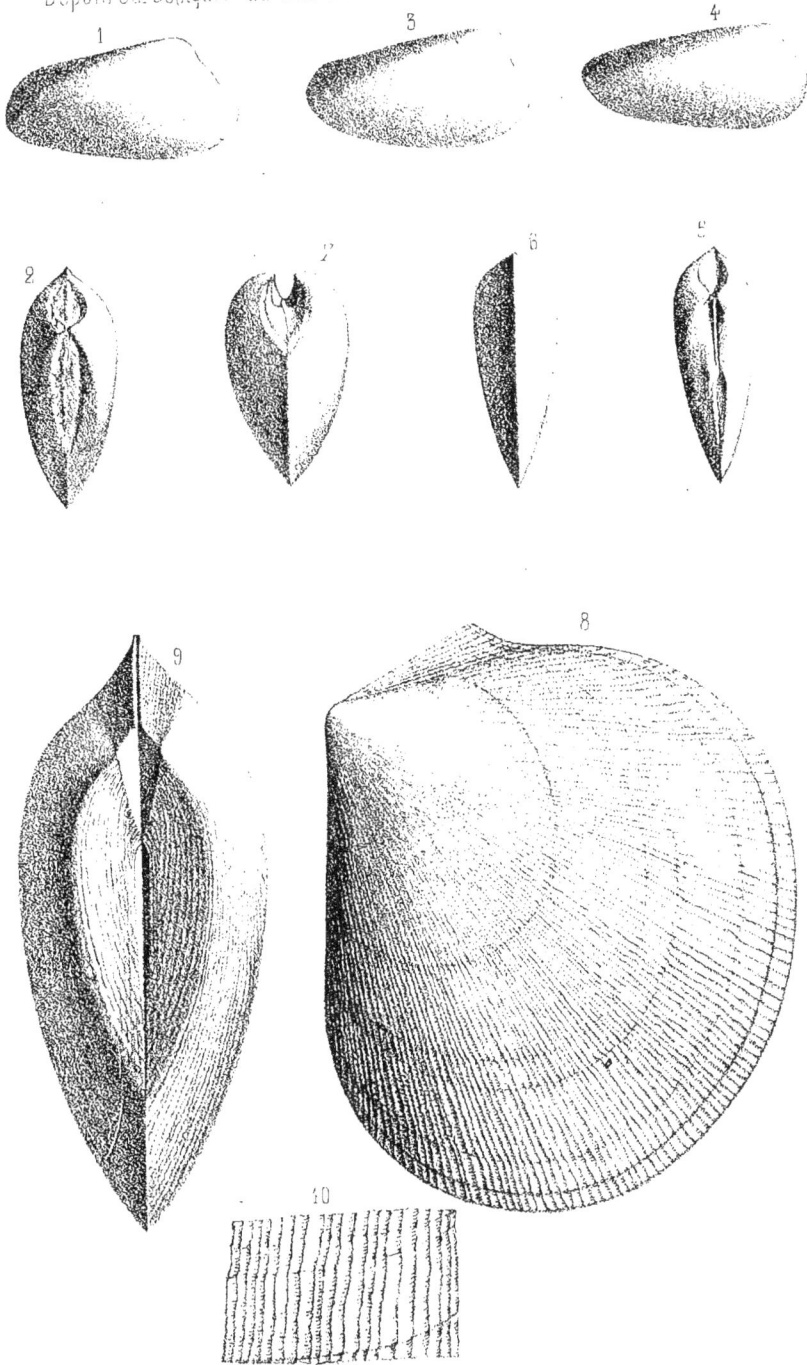

I.

PLANCHE VII.

Zone de l Ammonites planorbis.

Fig. 1. 2. **Lucina circularis** (Stoppani), de Gammal, de grandeur naturelle, page 38.

   3. 4. 5. **Terebratula psilonoti** (Quenstedt), de Mercruer, de grandeur naturelle, page 85.

   6. 7. **Pholadomya avellana** (Nov. spec.), de Gammal, grandeur naturelle, page 46.

   8. 9. **Goniomya gammalensis** (Nov. spec.), page 47.

      8. Individu de Gammal, vu du côté des crochets, de grandeur naturelle.

      9. Le même, vu de face.

  10. 11. **Pleurotomaria....**, Moule de Narcel, de grandeur naturelle, page 31.

  12. 13. 14. **Ostrea sublamellosa** (Dunker), page 79.

     12. 13 Individu de Gammal, de grandeur naturelle.

     14. Individu de Narcel, valve inférieure vue du côté interne.

  15. 16. **Mytilus scalprum** (Goldfuss), de Gammal, de grandeur naturelle, page 41.

  17. Ecaille de poisson, de Narcel, grossie deux fois, page 27.

  18. 19. 20. 21. **Corbula Ludovicæ** (Terquem), page 50.

     18. Exemplaire jeune de Narcel, de grandeur naturelle.

     19. Exemplaire de Gammal, de grandeur naturelle.

     20. Le même, vu par la région palléale.

     21. Le même, vu par le côté antérieur.

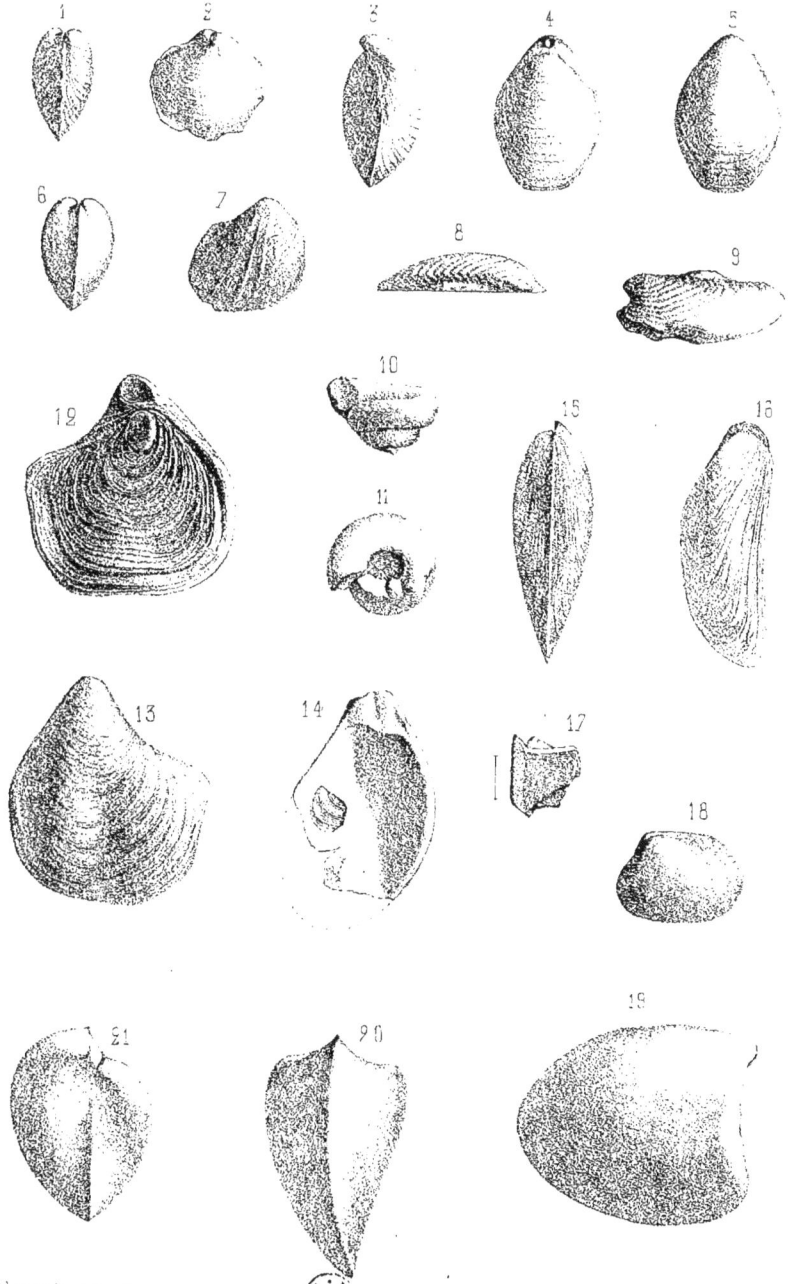

PLANCHE VIII.

Zone de l'Ammonites planorbis.

Fig. 1. **Lyonsia socialis** (Nov. spec.), de Vinezac, de grandeur naturelle, page 48.

2. **Pleuromya**......, de Narcel, de grandeur naturelle, page 49.

3. 4. 5. **Lima tuberculata** (Terquem), page 56.

   3. Individu bivalve de Veyras, de grandeur naturelle.

   4. Le même, vu par côté.

   5. Le même, vu par la région palléale.

6. 7. 8. **Lima nodulosa** (Terquem), page 57.

   6. Individu de Mercruer, bivalve, de grandeur naturelle.

   7. Le même, vu par l'autre valve.

   8. Le même, vu de profil.

9. 10. 11. **Pecten securis** (Nov. spec.), page 68.

   9. Individu bivalve, de Mercruer, grossi deux fois.

   10. Le même, vu de profil.

   11. Le même, de grandeur naturelle.

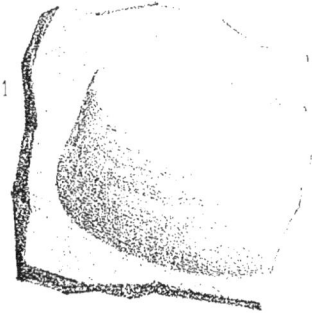

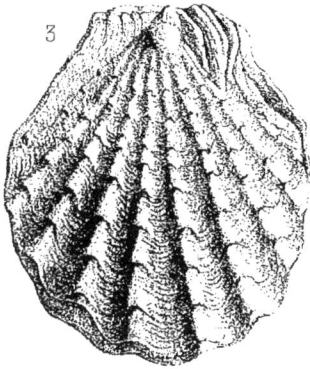

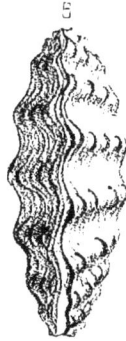

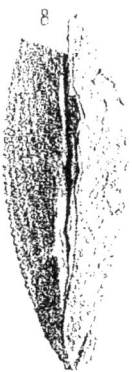

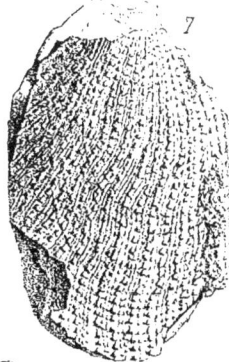

PLANCHE IX.

Zone de l'Ammonites planorbis.

Fig. 1. 2. 3. 4. 5. 6. **Pecten valoniensis** (Defrance), page 58.

1. Valve droite, grand exemplaire, de Valognes, de grandeur naturelle.

2. Même valve, de Narcel, de grandeur naturelle.

3. Valve gauche, de Narcel, de grandeur naturelle.

4. Même valve, de Narcel, vue par le côté intérieur. de grandeur naturelle.

5. Fragment d'une valve plane, détail du test, grossi.

6. Fragment d'une valve bombée, d'un spécimen jeune, grossi.

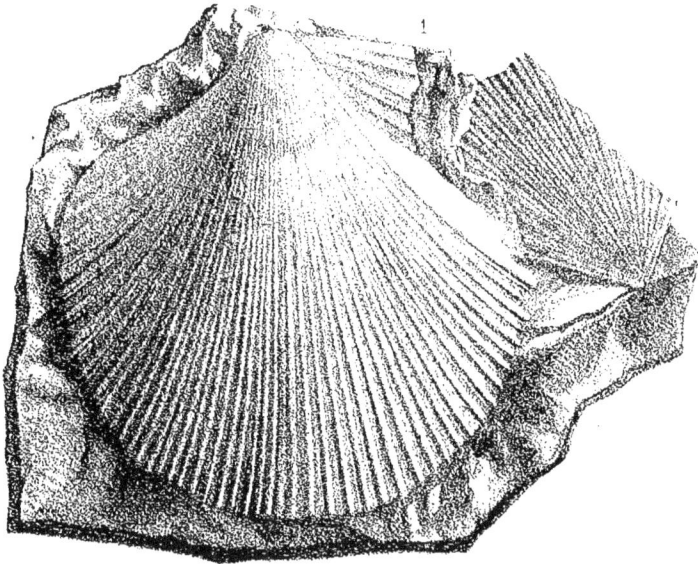

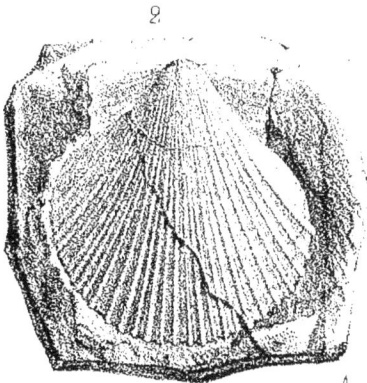

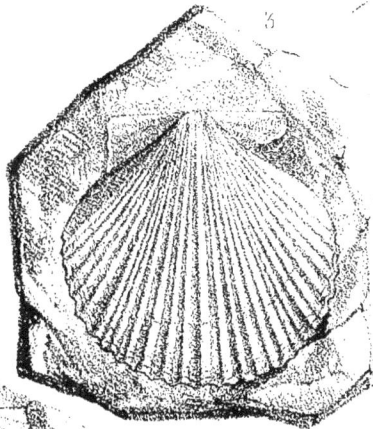

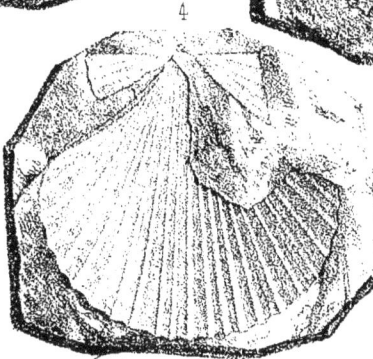

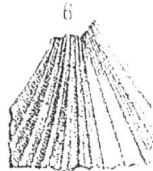

.X.

PLANCHE X.

Zone de l'Ammonites planorbis.

Fig. 1. 2. 3. **Pecten valoniensis** (Defrance), page 58.

    1. Pecten valoniensis de Veyras, échantillon bivalve, vu de profil, de grandeur naturelle.

    2. 3. Exemplaire de Veyras, de grandeur naturelle, test bien conservé.

4. 5. 6. 7. **Pecten Thiollierei** (Martin), page 62.

    4. Valve gauche de Veyras, de grandeur naturelle.

    5. Valve droite, du même.

    6. Même échantillon, vu de profil.

    7. Portion du test, grossie deux fois.

8. 9. 10. **Pecten Euthymei** (Nov. spec.), page 64.

    8. 9. Individu de Veyras, échantillon bivalve, grossi deux fois.

    10. Le même, vu de profil.

11. 12. **Pecten Pollux** (d'Orbigny), page 65.

    11. Pecten Pollux, du Chaylard, valve droite, de grandeur naturelle.

    12. Le même, de Gammal, valve gauche, de grandeur naturelle.

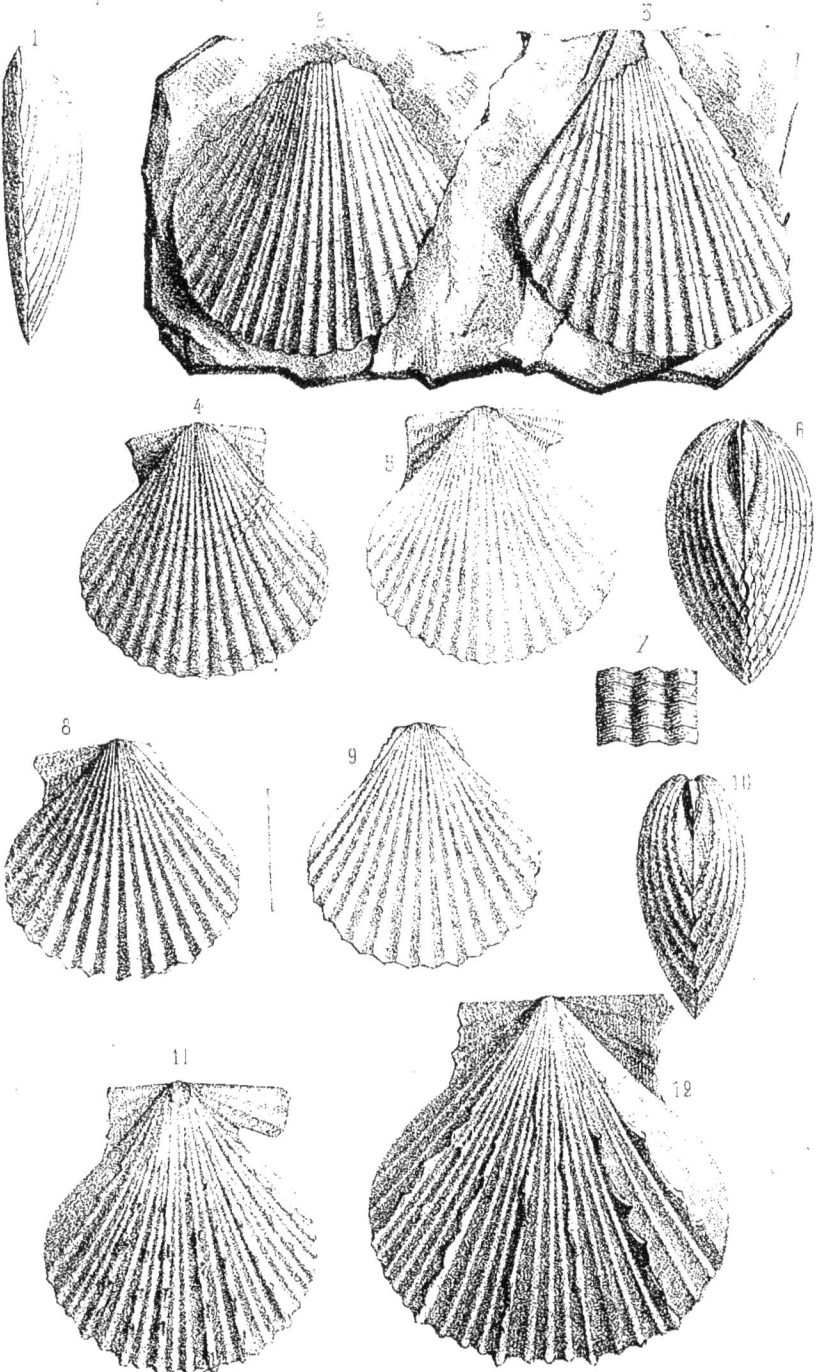

PLANCHE XI.

Zone de l'Ammonites planorbis.

Fig. 1. 2. 3. 4. **Pecten Pollux** (d'Orbigny), page 65.

    1. Pecten Pollux, coquille bivalve du Chaylard, de profil, de grandeur naturelle.

    2. Valve gauche, vue par l'intérieur, de St-Fortunat.

    3. Fragment de Gammal montrant le sommet et la charnière garnis d'épines.

    4. Fragment du test, trois petites côtes secondaires, grossi deux fois.

5. 6. 7. 8. 9. 10. 11. 12. 13. **Corbula Ludoviсæ** (Terquem), page 50.

    5. 6. 7. Individu de Gammal, vu de trois côtés différents, de grandeur naturelle.

    8. 9. 10. 11. Individu du Chaylard, de grandeur naturelle.

    12. 13. Autre exemplaire du Chaylard, de grandeur naturelle.

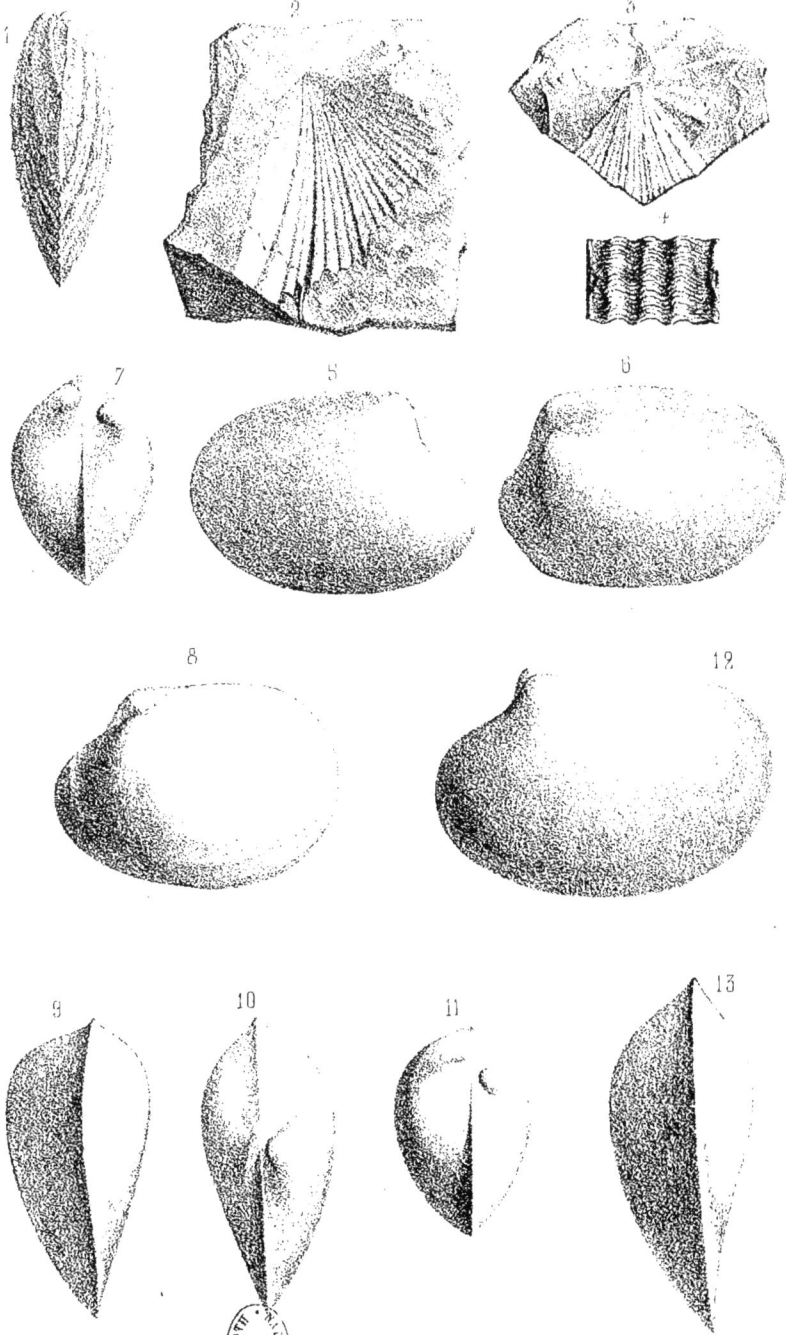

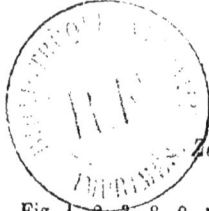

PLANCHE XII.

Zone de l'Ammonites planorbis.

Fig. 1. 2. 3. 8. 9. **Harpax spinosus** (Sowerby), page 72.

    1. Individu de Narcel, de grandeur naturelle.

    2. Le même, vu par l'autre valve, avec des coquilles adhérentes.

    3. Le même, vu de profil.

    8. Individu de Cogny, de grandeur naturelle, portant une coquille de la même espèce, plus petite, vue par l'intérieur.

    9. Autre exemplaire de Cogny.

4. 5. 6. 7. 10. **Plicatula hettangiensis** (Terquem), page 73.

    4. Individu de Cogny, de grandeur naturelle.

    5. 6. 7. Individu bivalve, de Gammal, de grandeur naturelle.

    10. Fragment de Plicatula hettangiensis de Cogny, avec portion de valve du Harpax spinosus, grossi deux fois.

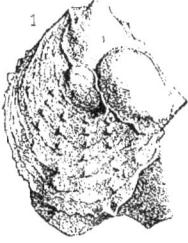

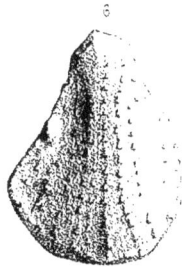

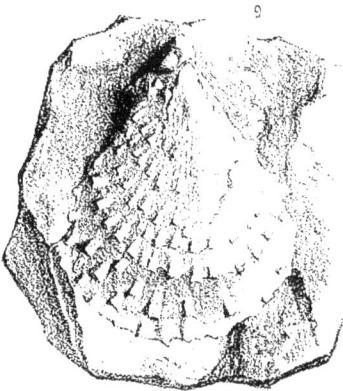

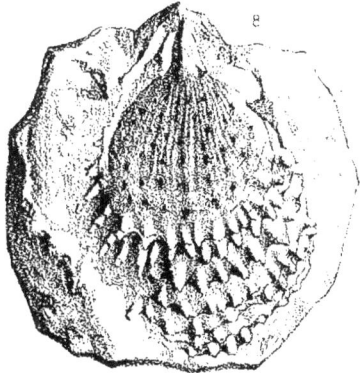

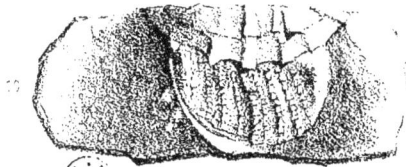

PLANCHE XIII.

Zone de l'Ammonites planorbis.

Fig. 1. **Plicatula crucis** (Nov. spec.), de la Croix du Saule, de grandeur naturelle, page 77.

2. 3. **Plicatula Oceani** (d'Orbigny), page 74.

    2. Fragment de St-Quentin, de grandeur naturelle.

    3. Fragment de Veyras.

4. 5. **Gryphæa arcuata**, (Lamark), spécimen de St-Quentin, de grandeur naturelle, page 83.

6. 7. 8. 10. 11. **Ostrea Rhodani** (Nov. spec.), page 82.

    6. 7. 8. Individu de Veyras, de grandeur naturelle.

    10. 11. Autre exemplaire de Veyras.

9. **Ostrea**...., fragment de Narcel, de grandeur naturelle, page 83.

12. **Anomia Schafbœutli**, (Winkler), de St-Fortunat, de grandeur
naturelle, page 84.

    13. La même, vue de profil.

    14. La même, grossie trois fois.

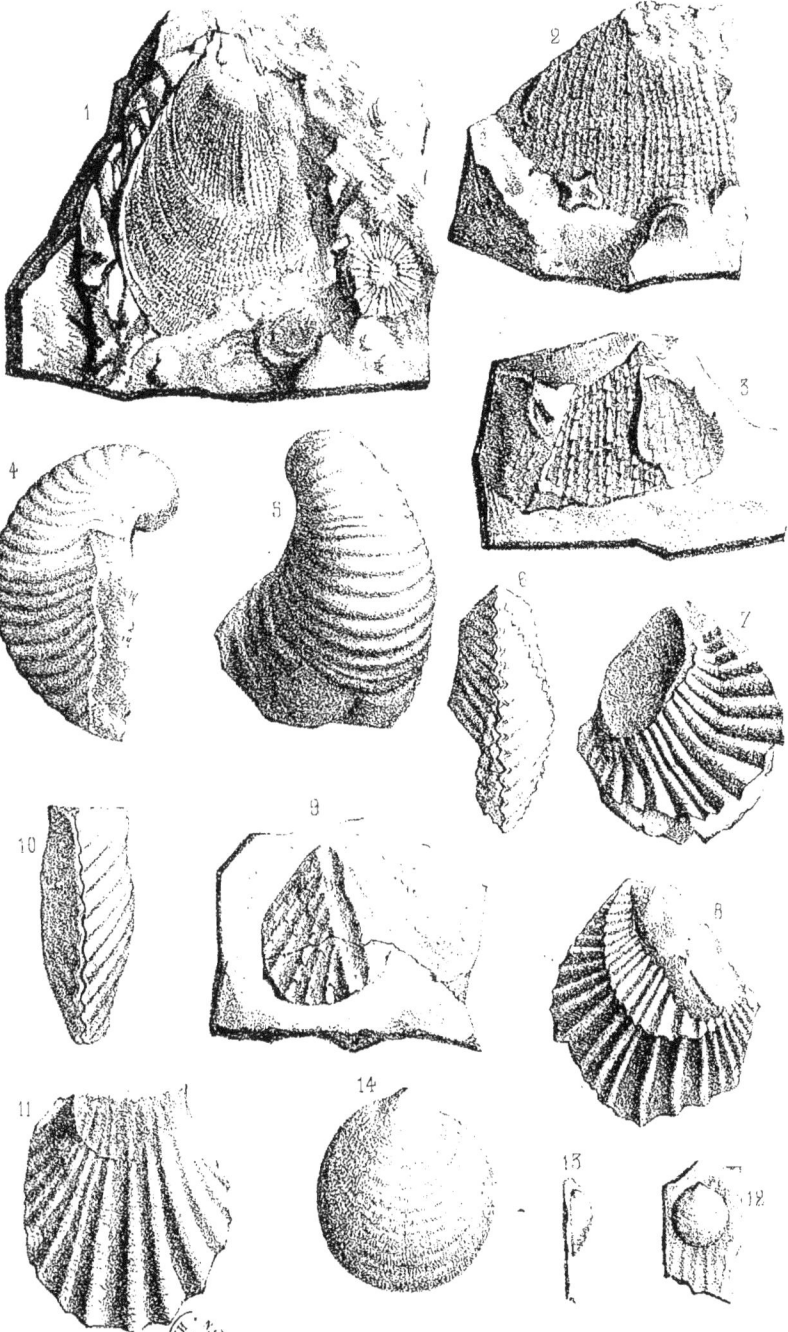

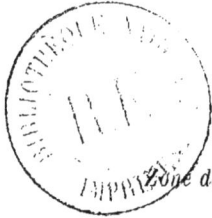

PLANCHE XIV.

Zone de l'Ammonites planorbis.

Fig. 1. **Turbo**...., de Veyras, de grandeur naturelle, page 31.

2. 3. **Cypricardia caryota** (Nov. spec.), de Mercruer, de grandeur naturelle, page 35.

4. 11. **Pecten**...., page 69.

4. Pecten de Flacher, intérieur de la valve, de grandeur naturelle.

11. Fragment de Narcel, vu aussi par l'intérieur.

5. 6. **Mytilus dalmasi** (Nov. spec.), individu de Veyras, de grandeur naturelle, page 44.

7. 8. **Mytilus hillanus** (Sowerby non Goldfuss), individu de Flacher, grossi deux fois, page 41.

9. **Placunopsis musaieri** (Nov. spec.), coquille, de Narcel, de grandeur naturelle, sur une valve de Lima valoniensis, page 78.

10. Fragment qui semble appartenir à la même espèce, grossi deux fois, page 79.

11. **Pecten**...., page 69.

12. **Pentacrinus Euthymei** (Nov. spec.), d'Aubenas, tête vue par dessous, grossie deux fois, page 94.

13. Section d'une des pièces formant les bras, grossie deux fois.

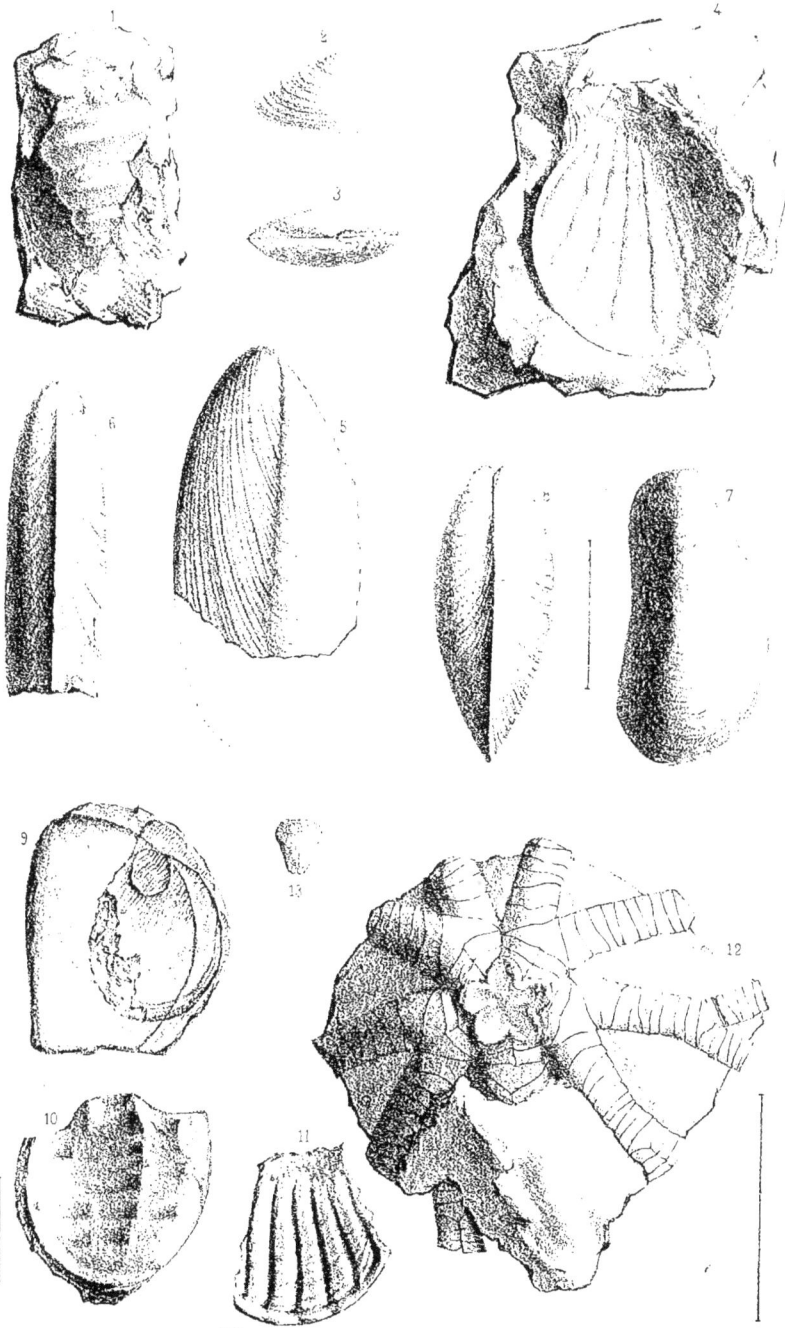

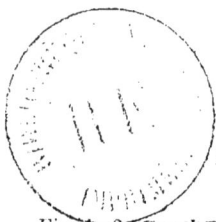

PLANCHE XV.

Zone de l'Ammonites planorbis.

Fig. 1-2. **Gryphœa**....., de Gammal, de grandeur naturelle, page 83.

3. **Polypier**...., de Veyras, grossi deux fois, page 87.

4. 6. 7. **Thecosmilia Martini** (E. de Fromentel), page 95.

    4. Groupe de Dardilly, de grandeur naturelle.

    6. Le même, vu par dessus, grossi deux fois.

    7. Groupe de Veyras, de grandeur naturelle, l'échantillon fig. 4, porte en haut à droite au point marqué (a), un fragment d'**Astrocœnia sinemuriensis** (E. de Fromentel), de grandeur naturelle, que l'on voit également, grossi deux fois sur l'échantillon, fig. 6, au point (a).

5. **Groupe**...., de Veyras, de nature inconnue, de grandeur naturelle, page 97.

8. **Pentacrinus psilonoti** (Quenstedt), de Veyras, de grandeur naturelle, page 93.

    9. Empreinte supérieure du même, grossie deux fois.

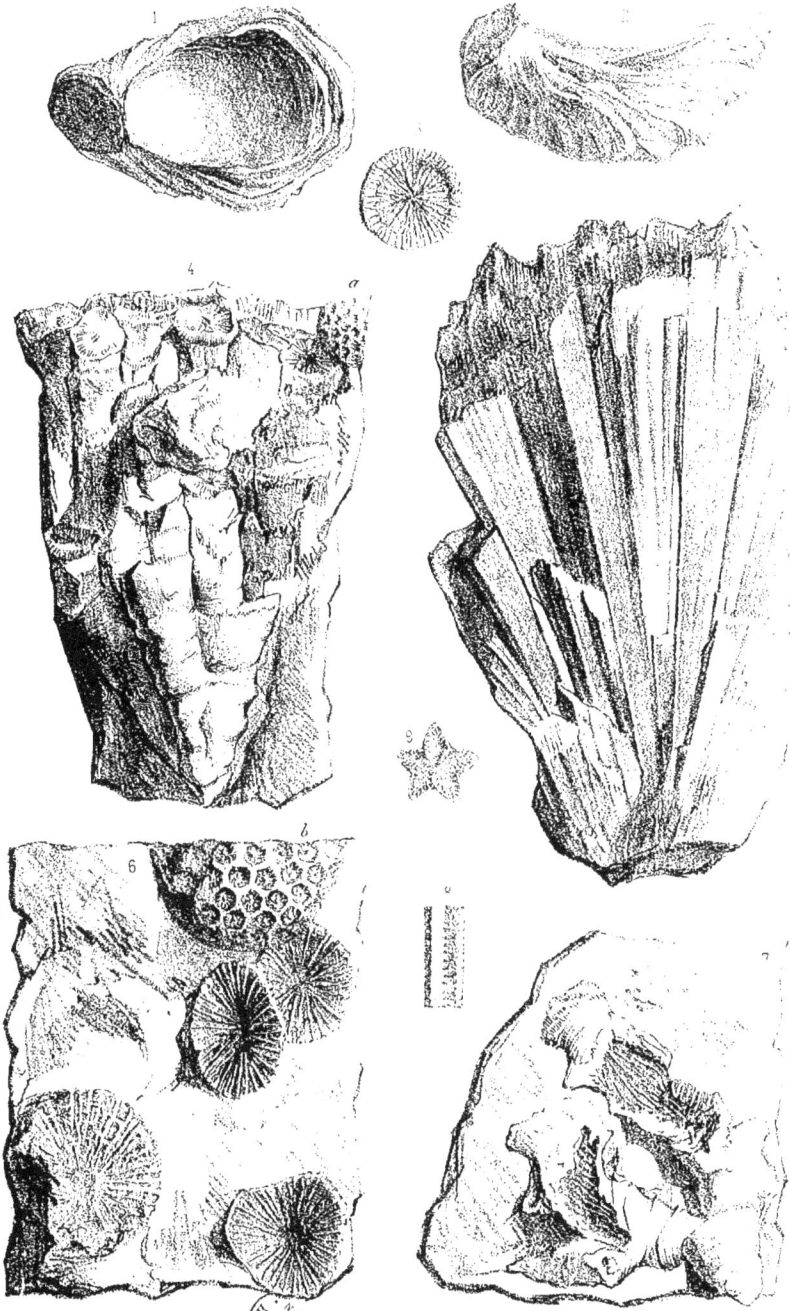

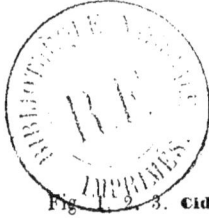

PLANCHE XVI.

Zone de l'Ammonites planorbis.

Fig. 1. 2. 3. **Cidaris**...., de Narcel? de grandeur naturelle, page 86.

    1. Vu par côté.

    2. Vu par dessus.

    3. Plaque principale, grossi deux fois.

4. 5. 6. **Diademopsis serialis** (Desor), de Narcel, page 87.

    4. Face supérieure, de grandeur naturelle.

    4. Face inférieure.

    6. Fragment du test, développé et grossi.

7. 8. 9. **Fragment de mâchoire**... d'un échinide, grossi deux fois, page 90.

    7. Demi-pyramide, de l'appareil masticatoire, d'un échinide de St-Cyr.

    8. La même, du côté lisse.

    9. La même, vu de profil.

10. **Diademopsis nuda** (Nov. spec.), fragment de Mercruer, de grandeur naturelle, page 92.

11. 12. 13. **Diademopsis buccalis** (Agassiz spec.), page 91.

    11. Individu de Gammal, de grandeur naturelle, face supérieure.

    12. Autre exemplaire, de Gammal, de grandeur naturelle, face supérieure.

    13. Le même, vu par côté.

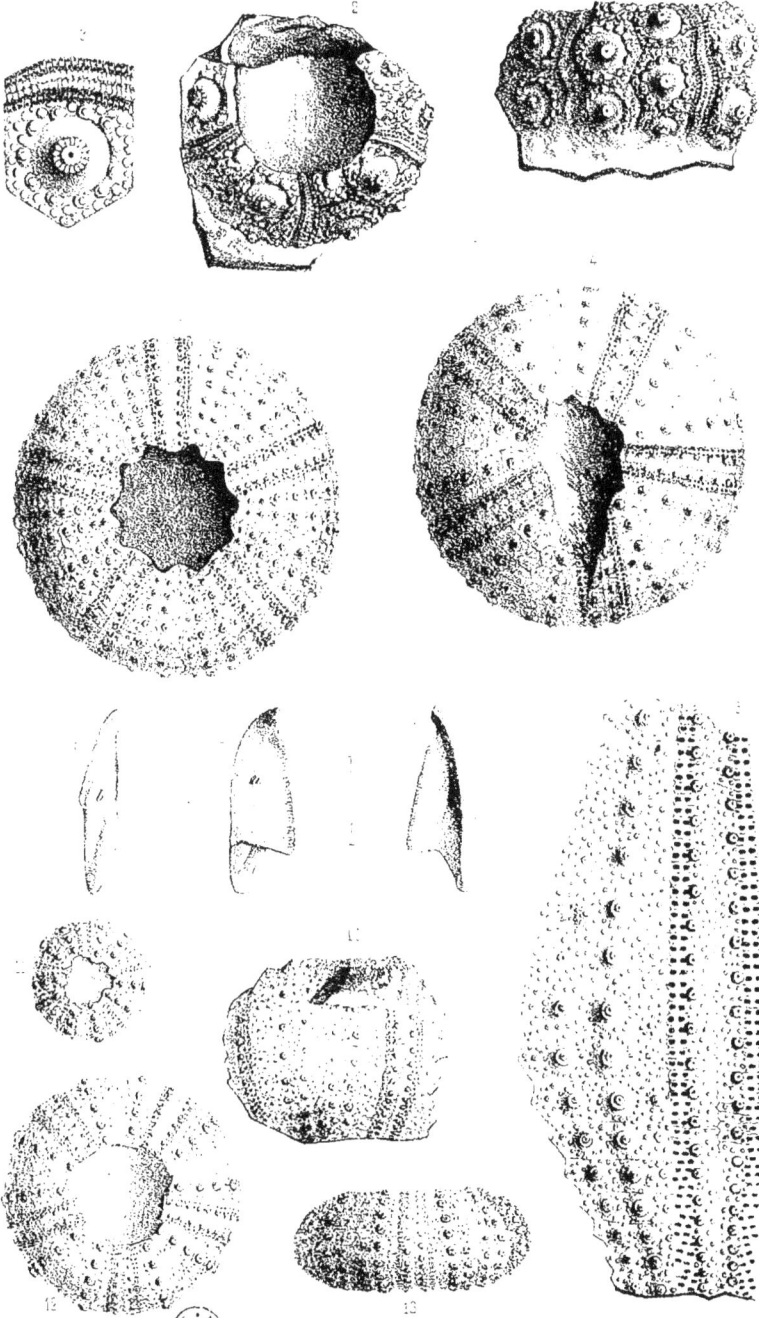

PLANCHE XVII.

Zone de l'Ammonites planorbis.

Fig. 1. **Tige de végétal** de Gammal, de grandeur naturelle, page 98.

2. Végétal, fragment de la Croix du Saule avec portion de l'écorce conservée, page 98.

3. **Diademopsis buccalis** (Agassiz spec.), plaque de Vinczac, grossie deux fois, page 91.

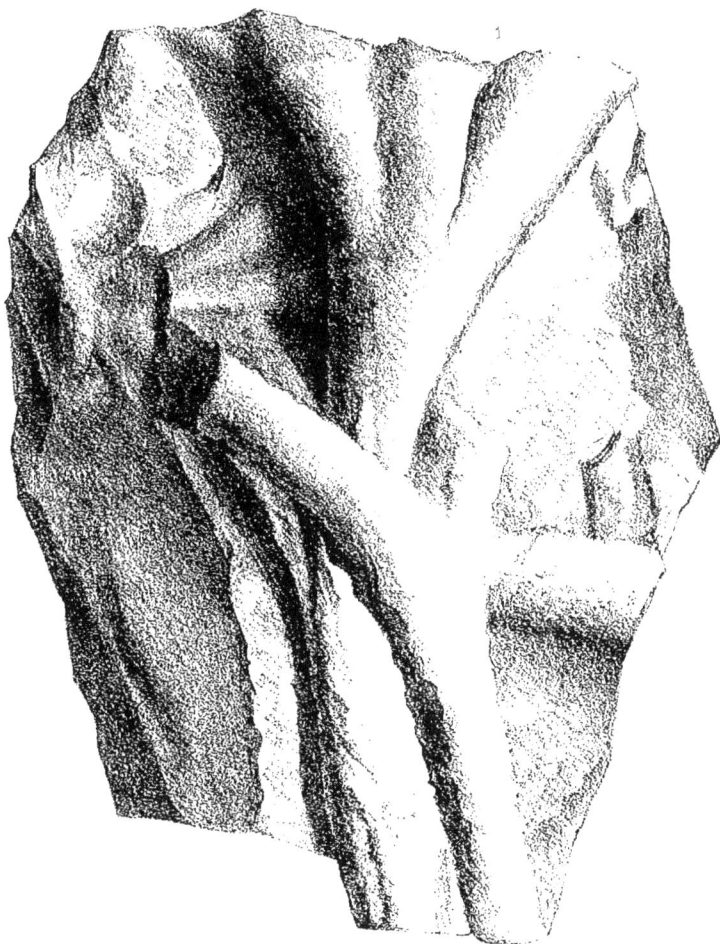

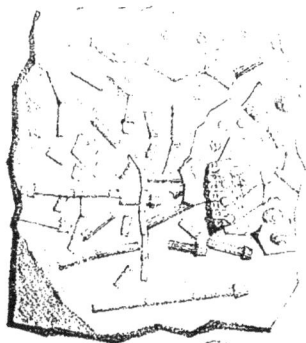

PLANCHE XVIII.

Zone de l'Ammonites angulatus.

Fig. 1. 2. **Acrodus nobilis** (Agassiz), de la Glande, dent vue par dessus et par côté, de grandeur naturelle, page 112.

3. 4. **Ammonites kridion** (Hehl), fragment de la Glande, de grandeur naturelle, page 114.

5. 6. **Ammonites lœvigatus** (Sowerby), de la Glande, de grandeur naturelle, page 116.

7. 8. **Turritella Martini** (Nov. spec.), de la Glande, grossie deux fois, page 122.

9. **Chemnitzia Polcymiaca** (Nov. spec.), de la Glande, grossie six fois, page 124.

10. **Turbo elegans** (Münster in Goldfuss), de la Glande, grossie quatre fois, page 135.

11. **Cerithium verrucosum** (Terquem), de la Glande, de grandeur naturelle, page 138.

12. 13 14. **Neritopsis Archiaci** (Nov. spec.), de la Glande, grossi quatre fois, page 127.

15. 16. 17. 18. **Trochus bellijocensis** (Nov. spec.), de Cogny, grossi quatre fois, page 130.

19. 20. 21. 22. **Trochus bardus** (Nov. spec.), de la Glande, grossi cinq fois, page 131.

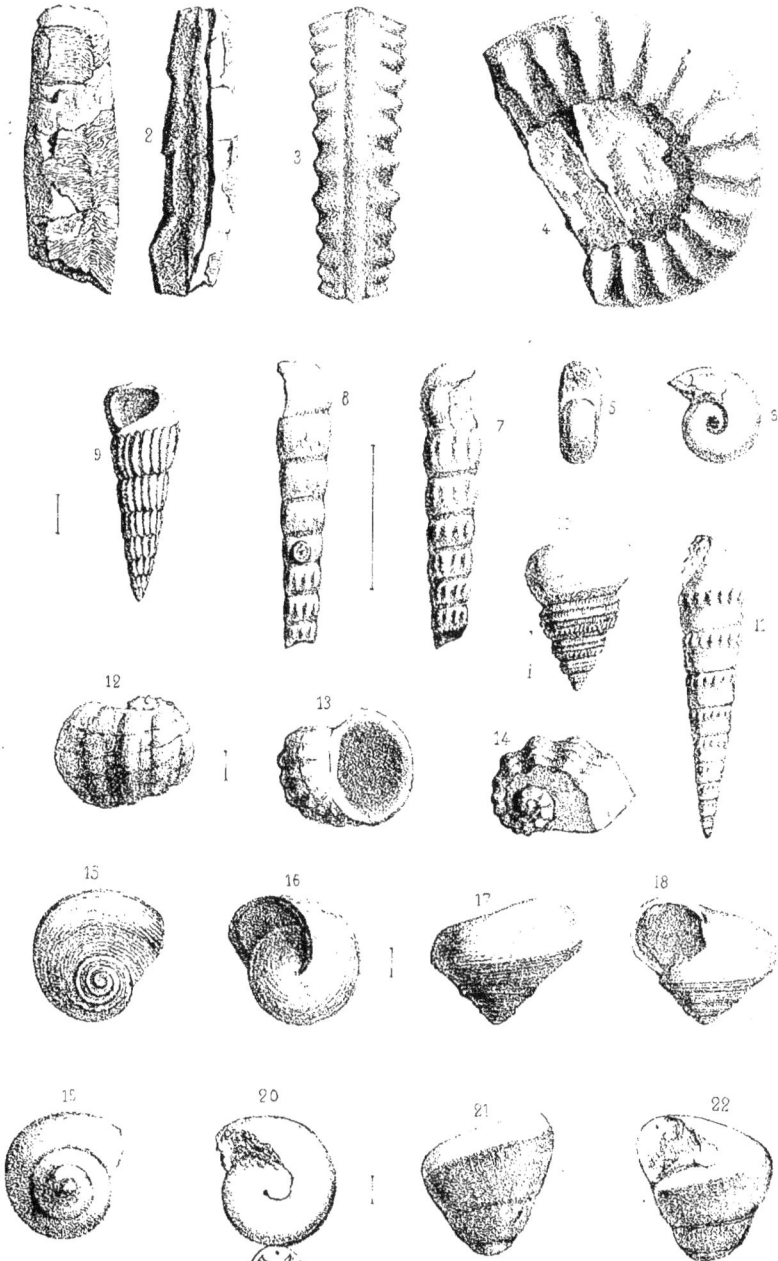

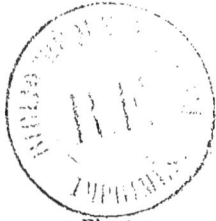

PLANCHE XIX.

Zone de l'Ammonites angulatus.

Fig. 1. **Turritella aurea** (Nov. spec.), de la Glande, grossie trois fois, page 119.

2. 3. **Ammonites angulatus** (Schlotheim), de Cogny, de grandeur naturelle, page 112.

4. **Melania Zenkeni** (Dunker), fragment de Veyras portant deux individus, grossi deux fois, page 116.

5. **Trochus nudus** (Münster in Goldfuss), de la Grange du Bois, grossi quatre fois, page 128.

6. **Turbo Ferryi** (Nov. sp.), de Ville-sur-Jarnioux, grossi deux fois, page 135.

7. **Littorina silvestris** (Nov. spec.), fragment de calcaire de la Grange du Bois, portant deux individus, grossi deux fois, page 118.

8. **Cerithium Berthaudi** (Nov. spec.), de Cogny, grossi quatre fois, page 140.

9. **Cerithium etalense** (Piette), de Narcel, grossi quatre fois, p. 139.

10. Même coquille, de la Glande, grossie sept fois.

11. **Cerithium lugdunense** (Nov. spec.), de la Glande, grossi cinq fois, page 142.

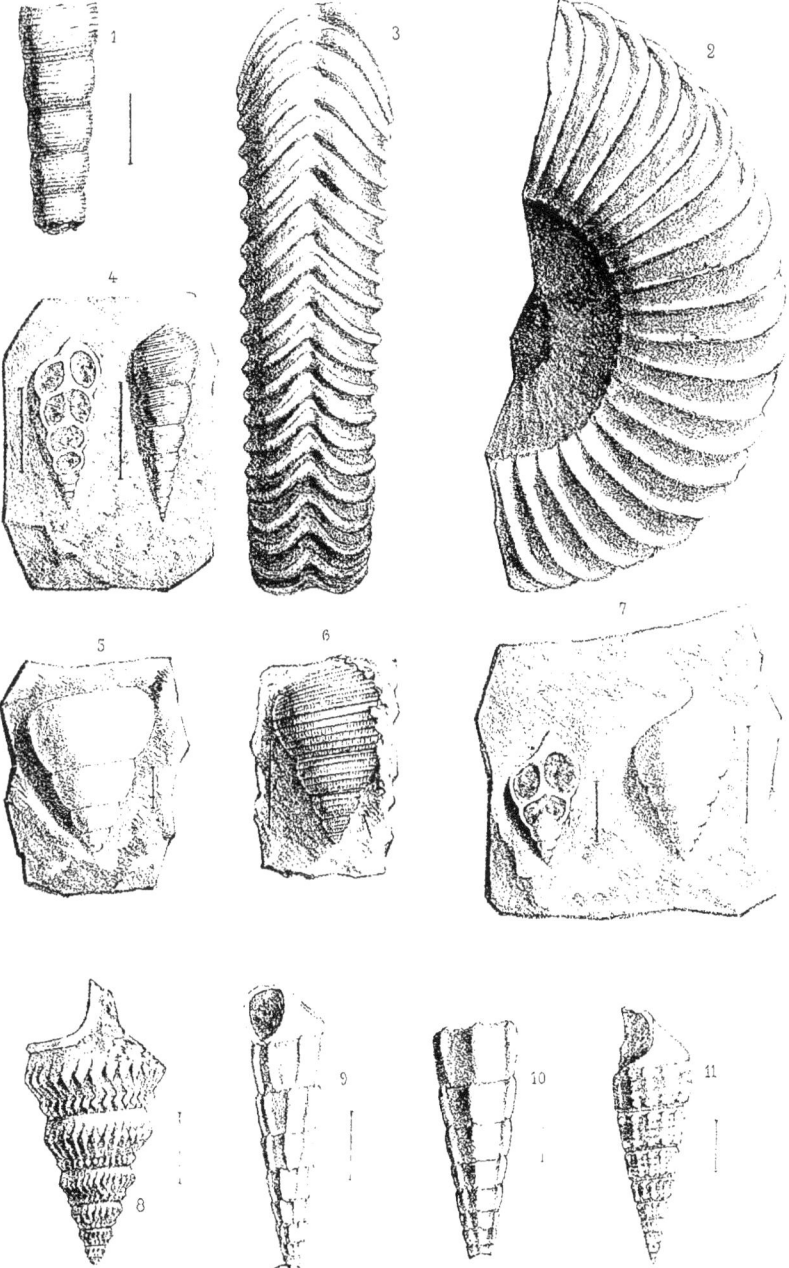

PLANCHE XX.

Zone de l'Ammonites angulatus.

Fig. 1. **Turritella Dunkeri** (Terquem), fragment de la Glande, grossi quatre fois, page 119.

2. **Turritella chorda** (Nov. spec.), fragment de la Glande, grossi quatre fois, page 120.

3. **Turritella glandulæ** (Nov. spec.), fragment de la Glande, grossi quatre fois, page 123.

4. **Turritella nucleus** (Nov. spec.), de Cogny, grossi deux fois, page 121.

5. 6. **Turbo triplicatus** (J. Martin), de la Glande, grossi quatre fois, page 134.

7. **Cerithium....**, de la Glande, de grandeur naturelle, page 138.

8. 9. **Trochus Berthaudi** (Nov. spec.), de la Glande, grossi quatre fois, page 132.

10. **Orthostoma cylindrata** (Nov. spec.), de la Glande, grossi trois fois, page 125.

11. **Orthostoma gracile** (J. Martin), de la Glande, grossi trois fois, page 125.

12. **Orthostoma scalaris** (Nov. spec.), de la Glande, grossi quatre fois, page 126.

13. 14. **Trochus alatus** (Nov. spec.), de St-Germain, grossi quatre fois, page 133.

15. 16. **Trochus granum** (Nov. spec.), de la Glande, grossi dix fois, page 129.

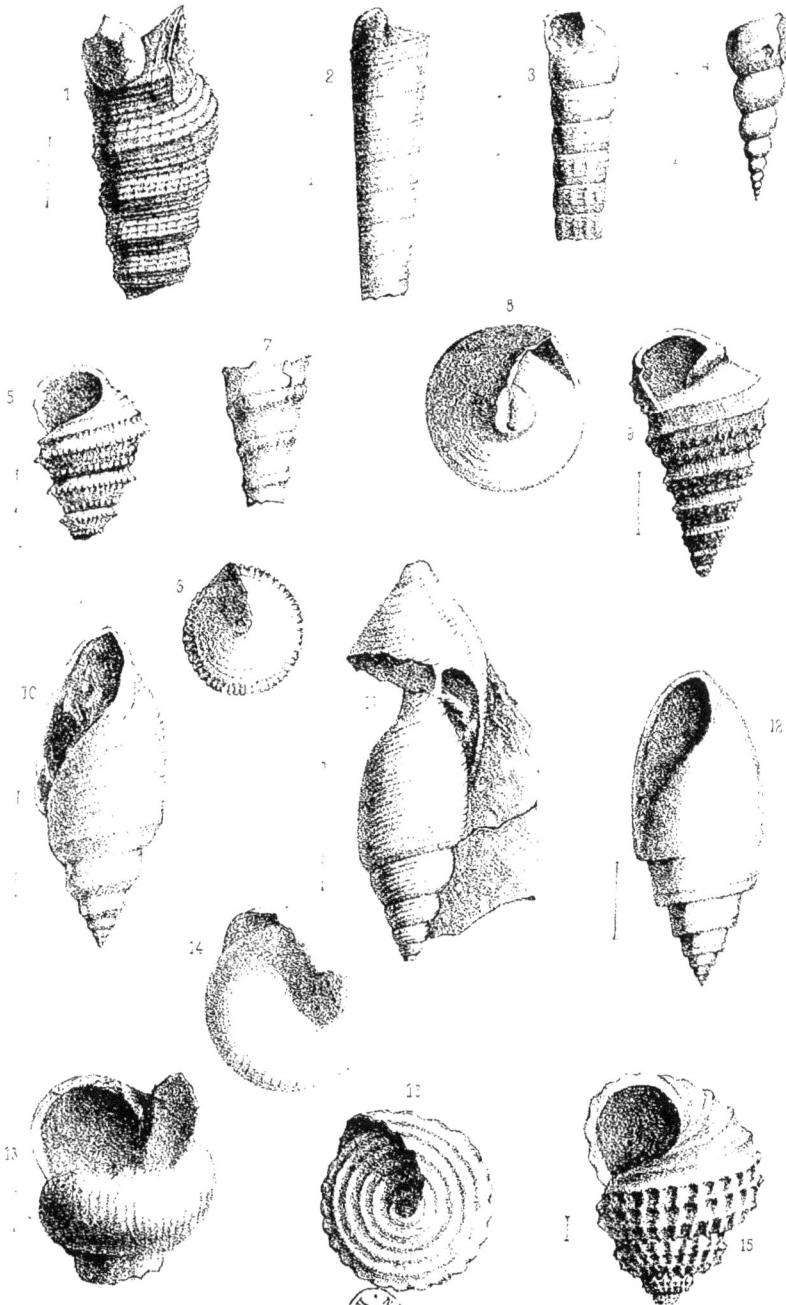

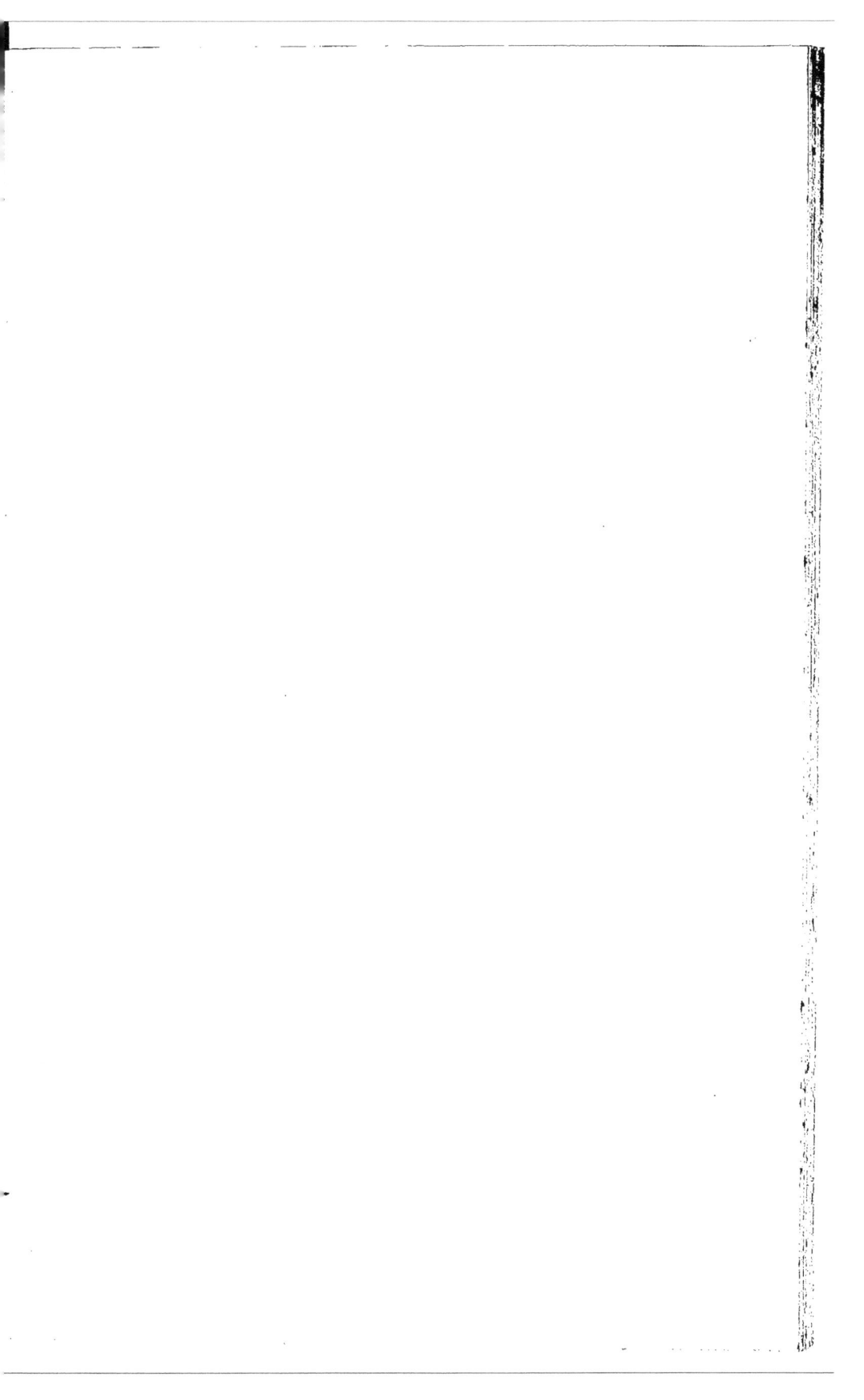

PLANCHE XXI.

Zone de l'Ammonites angulatus.

Fig. 1. 2. **Cypricardia Brcont** (J. Martin), de la Glande, grossie deux
   fois, page 147.
  3. 4. 5. 6. 7. 8. 9. **Cardinia Listeri** (Sowerby, sp.), page 148.
    3. 4. 5. Grand exemplaire de la Glande, grandeur naturelle
    6. 7. Coquille bivalve de Meyranne, grandeur naturelle.
    8. 9. Coquille de la Glande, grandeur naturelle.
  10. 11. 12. **Cardita Heberti** (Terquem), de la Glande, grossie qua-
    tre fois, page 146.

PLANCHE XXII.

Zone de l'Ammonites angulatus.

Fig. 1. **Lima koninckana** (Chapuis et Dewalque), échantillon de la Glande, vu par sa face intérieure, grossi six fois, page 154.

2. 3. **Lima cometes** (Nov. spec.), page 159.

    2. Individu de Cogny, incomplet, de grandeur naturelle.

    3. Fragment du test, grossi deux fois.

4. 5. **Lima gigantea** (Sowerby, spec.), p. 156.

    4. Fragment silicifié, de Meyranne, vu du côté antérieur, grandeur naturelle.

    5. Le même, vu par dessous.

6. **Lima campanula** (Nov. spec.), de la Glande, grossie deux fois, page 158.

7. **Ostrea**...., de Marcy, fixée sur un fragment de calcaire par sa valve supérieure, de grandeur naturelle, page 165.

8. 9. **Crustacé**....., petit fragment, de la Glande, grossi cinq fois, page 169.

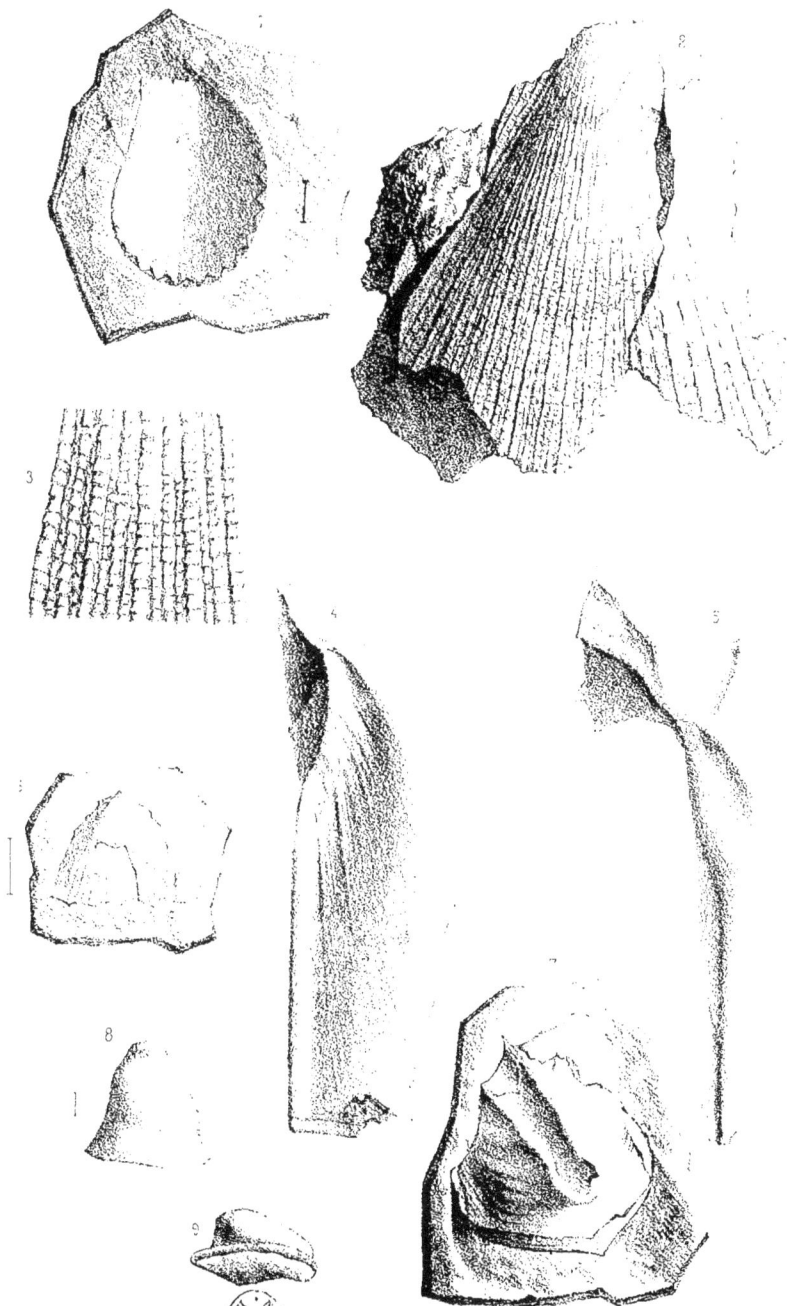

Lyon. Lith. Th. Lepagnez rue de Cuire, 10.

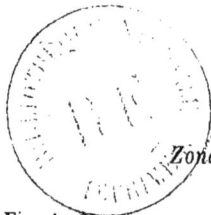

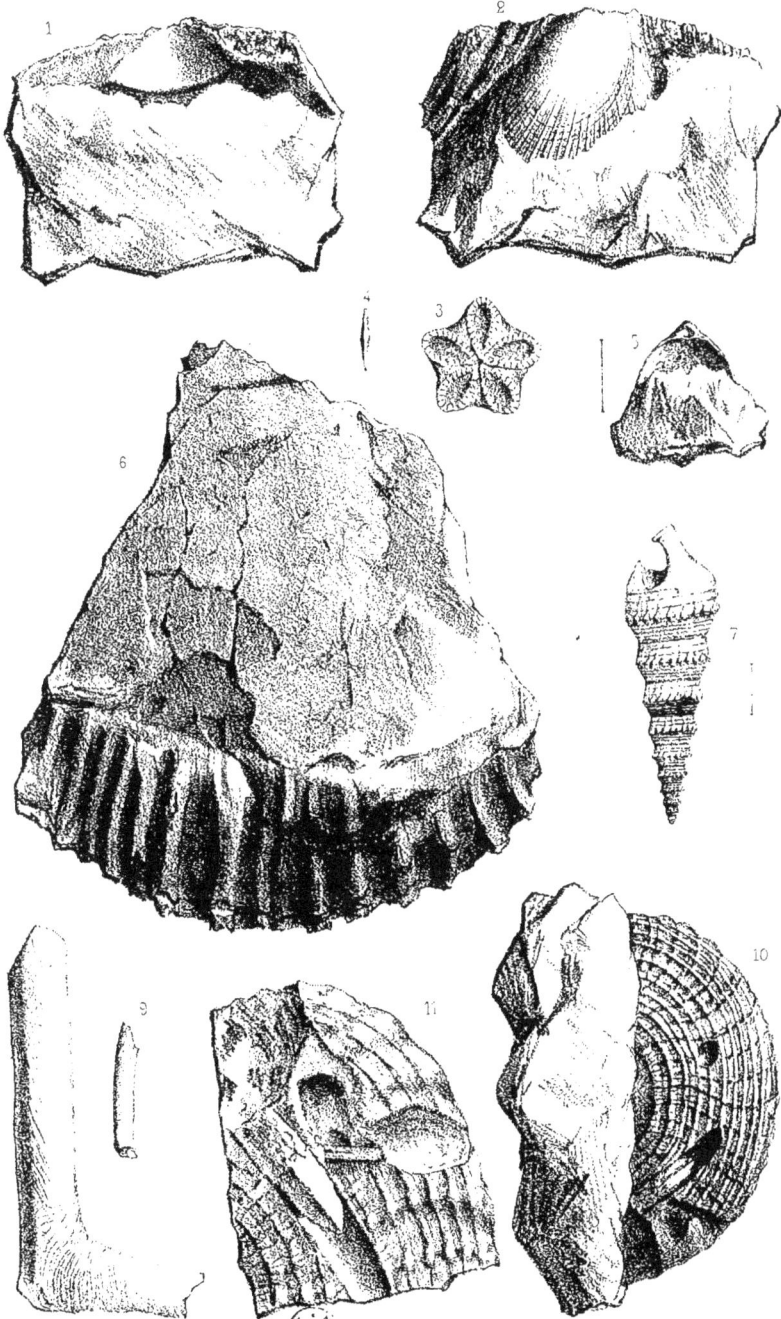

Lyon. Lith Th. Lépagnez, r. de Cuire, n° 10.

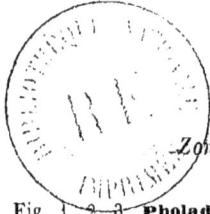

PLANCHE XXIV.

Zone de l'Ammonites angulatus.

Fig. 1. 2. 3. **Pholadomya Deshayesei** (Chapuis et Dewalque), grandeur naturelle, page 144.

4. **Cardinia.....**, fragment vu par l'intérieur, de la Glande, grandeur naturelle, page 151.

5. 6. **Cardinia Hennocquei** (Terquem), de la Glande, grandeur naturelle, page 150.

7. 8. 9. **Cardinia Eveni** (Terquem), de la Glande, grandeur naturelle, page 151.

10. 11. 12. **Astarte cingulata** (Terquem), de la Glande, grossie trois fois, page 145.

13. 14. **Mytilus scalprum** (Goldfuss), de Narcel, grandeur naturelle, page 153.

15. **Pecten veyrasensis** (Nov. spec.), de Veyras, grossi deux fois, page 163.

16. **Pecten hebli** (d'Orbigny), de Cogny, grandeur naturelle, page 162.

17. **Lima duplicata** (Soberwy sp.)? de la Glande, jeune, grossie trois fois, page 157.

18. **Astarte limbata** (Nov. spec.), de la Glande, grossie dix fois, page 145.

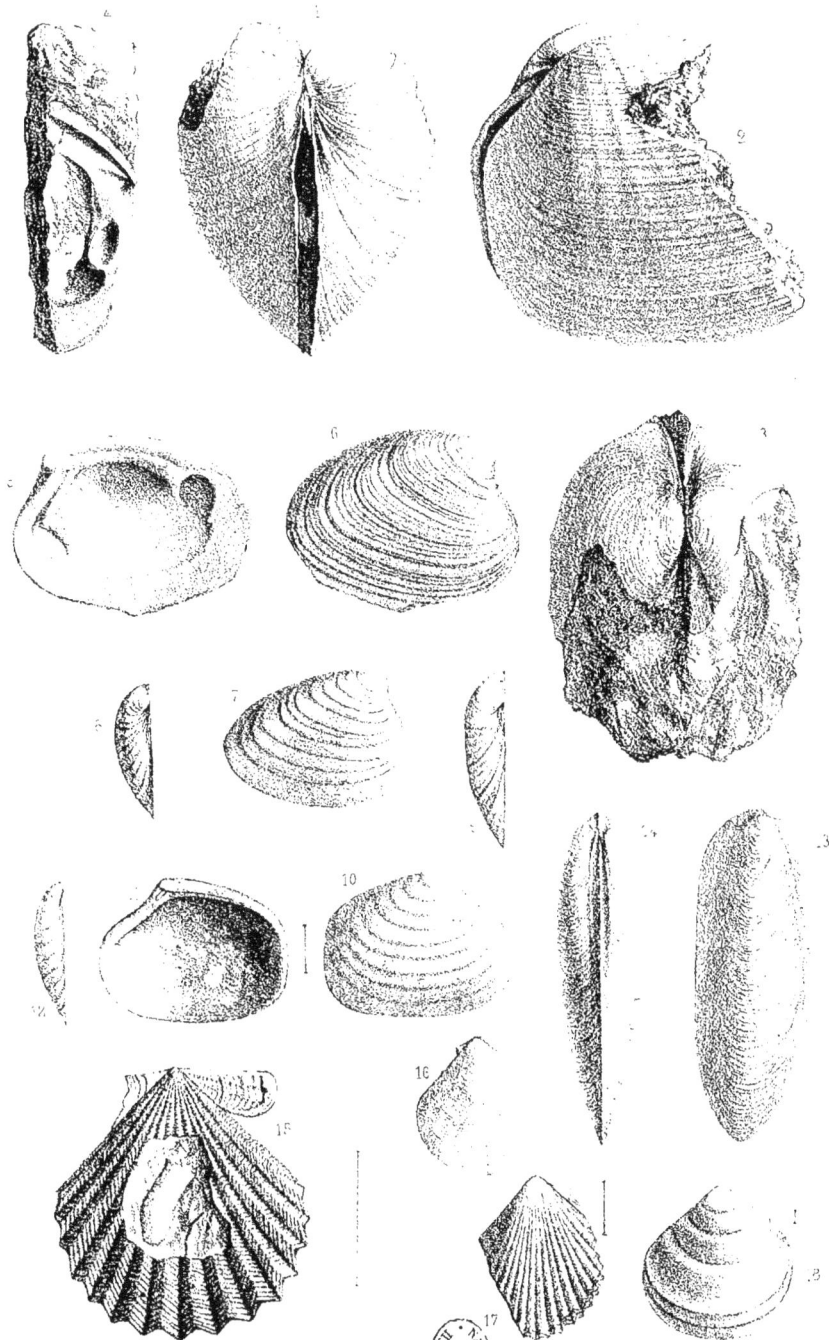

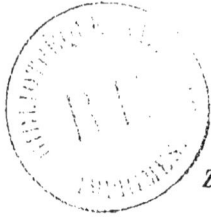

PLANCHE XXV.

Zone de l'Ammonites angulatus.

Fig. 1. 2. **Pleurotomaria principalis** (Chapuis et Dewalque), de la Glande, grandeur naturelle, page 136.

3. **Cerithium verrucosum** (Terquem), de Marcy, grandeur naturelle, page 138.

4. **Pleurotomaria anglica** (Defrance), portion d'un tour, de la Glande, grossi deux fois, page 137.

5 à 10. **Rhinchonella variabilis** (Schlotheim, sp.), page 165.

5. 6. 7. Individu de Cogny, grossi deux fois.

8. 9. 10. Autre, de la Glande, grossi deux fois.

5. **Crustacé.....**, petit échantillon de Veyras, grossi deux fois (numéro redoublé par erreur), page 168.

C'est la petite figure à droite, placée au dessous du *Cerithium verrucosum.*

11 à 20. **Pentacrinus angulatus** (Oppel), page 166. Toutes les figures sont grossies deux fois.

11. 12. Petite tige de la Glande.

13. 14. Autre de la Glande.

15. 16. Autre de la Glande.

17. 18. Autre de Meyranne.

19. Bras de *Pentacrinus* de Narcel.

20. Tige de Meyranne avec verticilles,

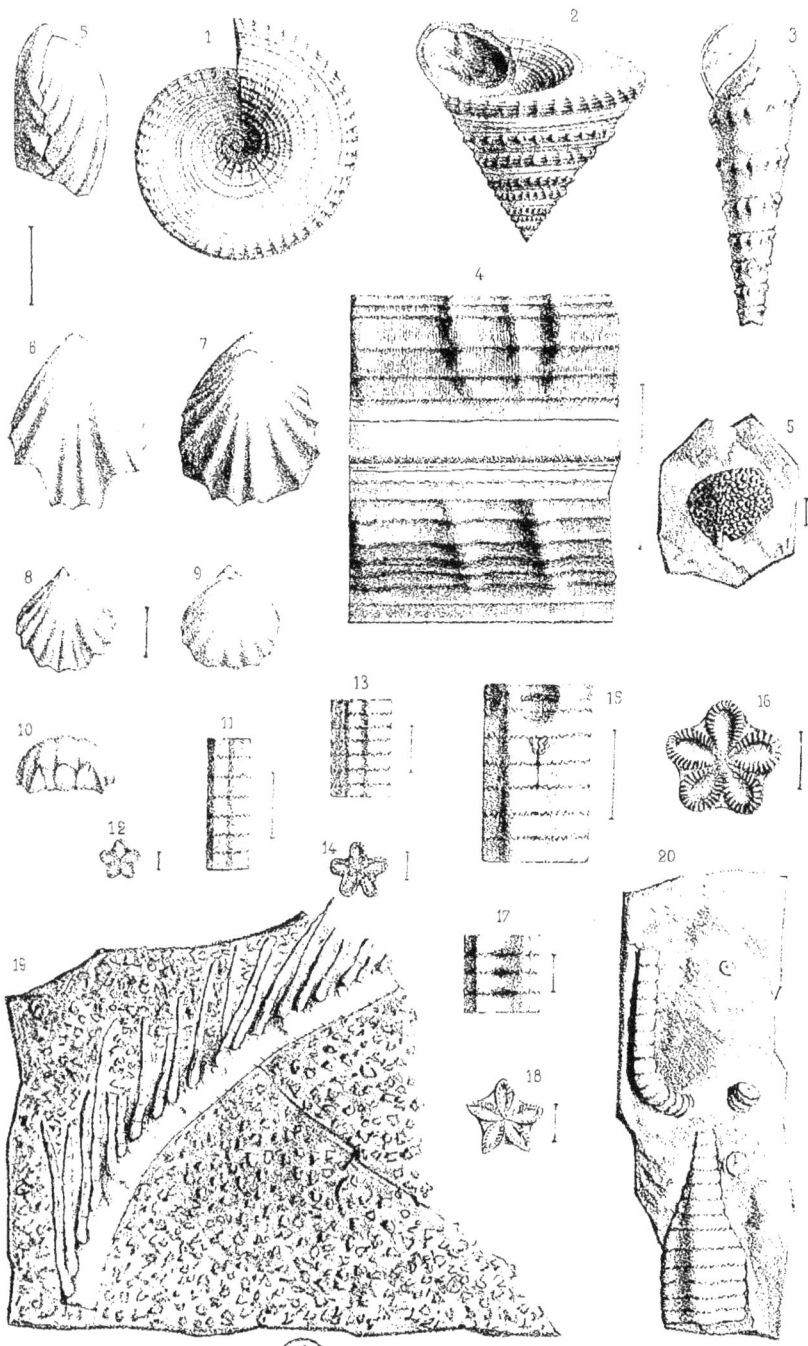

PLANCHE XXVI.

Zone de l'Ammonites angulatus.

Fig. 1. 2. 3. **Pinna similis** (Chapuis et Dewalque), de la Glande,
   page 152.
    1. De grandeur naturelle, côté droit.
    2. La même, côté gauche.
    3. La même, de profil.

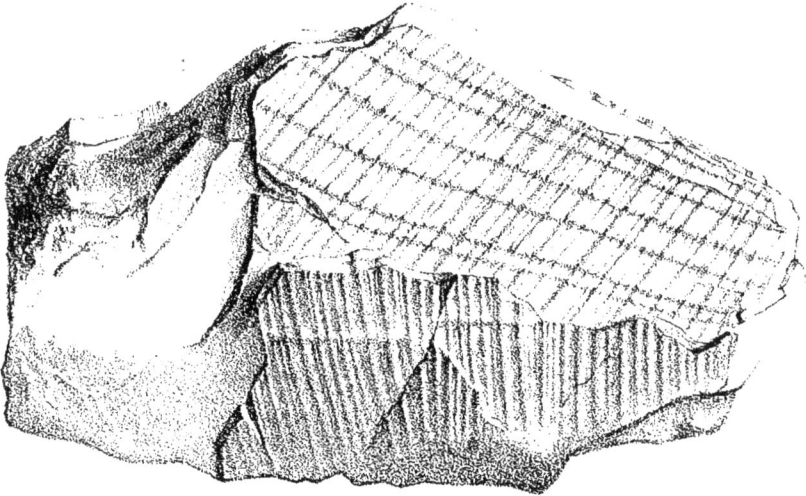

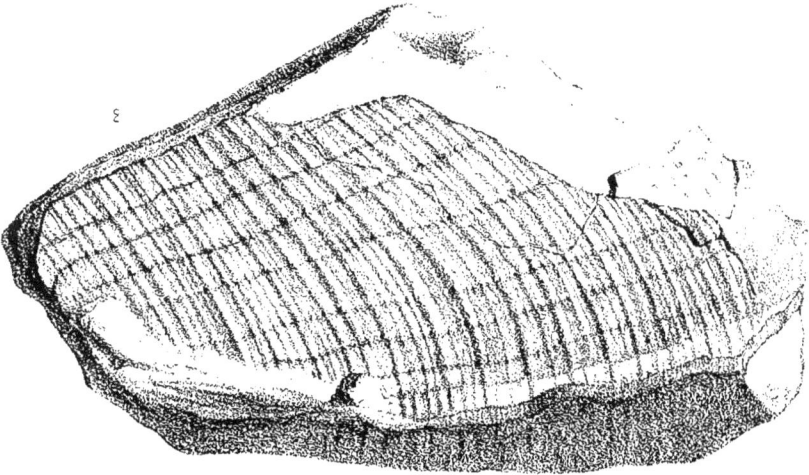

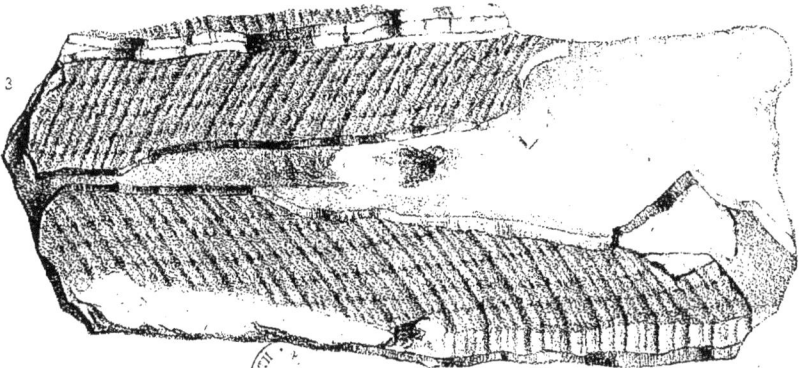

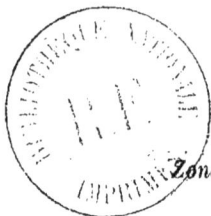

PLANCHE XXVII.

Zone de l'Ammonites angulatus.

Fig. 1. 2. **Isastræa intermedia** (de Ferry), page 174.
    1. Echantillon, de Cogny, grandeur naturelle.
    2. Calices grossis.
   3. 4. **Neuropora mamillata** (De Fromentel), de Ville-sur-Jarnioux.
    page 176.
    3. Echantillon, de grandeur naturelle.
    4. Détail de la surface, grossi.
   5. 6. 7. **Neuropora socialis** (Nov. spec.), page 177.
    5. Echantillon, de Veyras, grandeur naturelle.
    6. Détail de la surface, grossi.
    7. Groupe, de Veyras, silicifié.
  8. 9. 10. **Diastopora**....., page 178.
    8. Individu de Veyras, grandeur naturelle.
    9. Autre, de la même localité.
    10. Fragment grossi.
  11. 12. **Berenicea?**..... page 179.
    11. Echantillon de la Glande, grandeur naturelle.
    12. Portion grossie, du même.

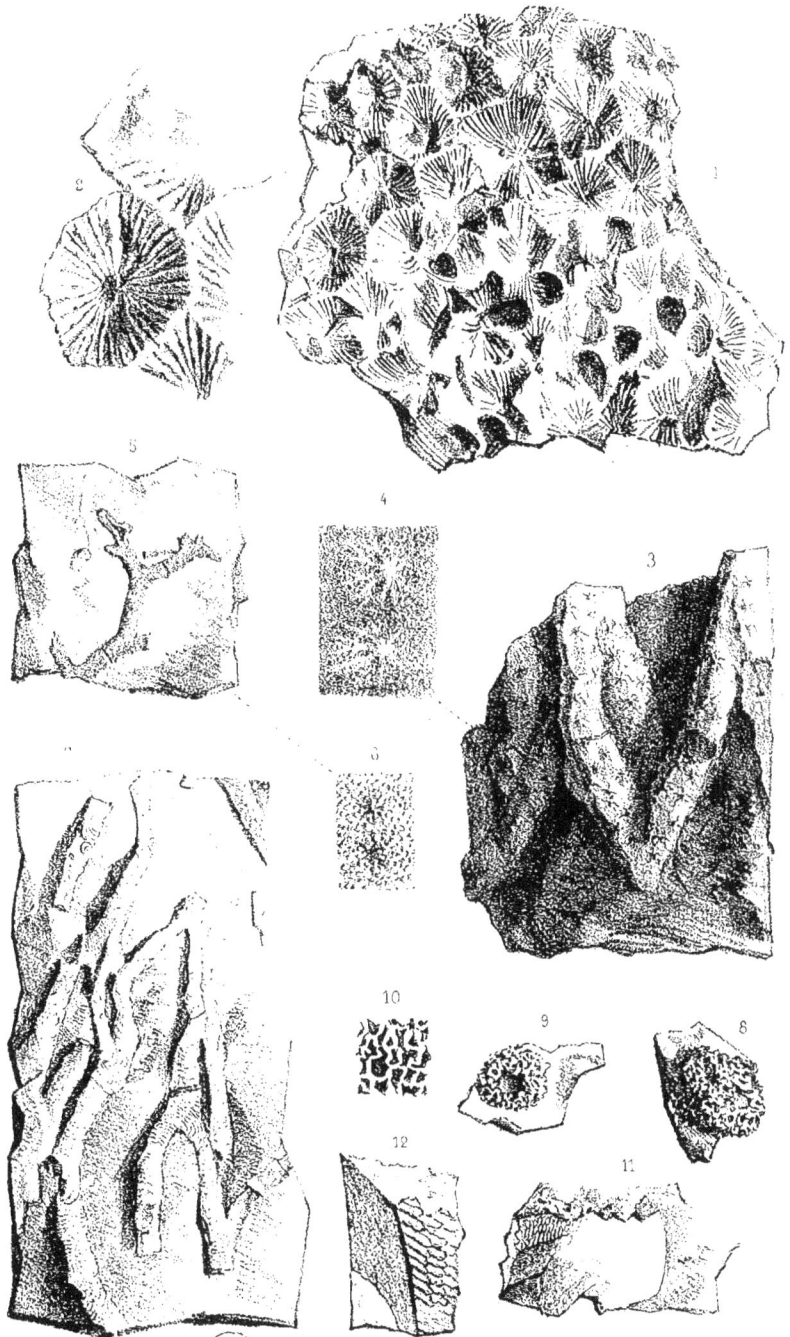

Ad nat in lap J. Bérard   Lyon, Lith Th. Lépagnez, r. de Cuire, 10.

PLANCHE XXVIII.

Zone de l'Ammonites angulatus.

Fig. 1. 2. 3. 4. **Thecosmilia major** (de Ferry), page 173.
   1. Gros échantillon de Chevagny-les-Chevrières, vu de côté, grandeur naturelle.
   2. 3. Autres individus de la même localité, vus par dessus, de grandeur naurelle.
   4. Autre exemplaire de Burgy, grandeur naturelle.

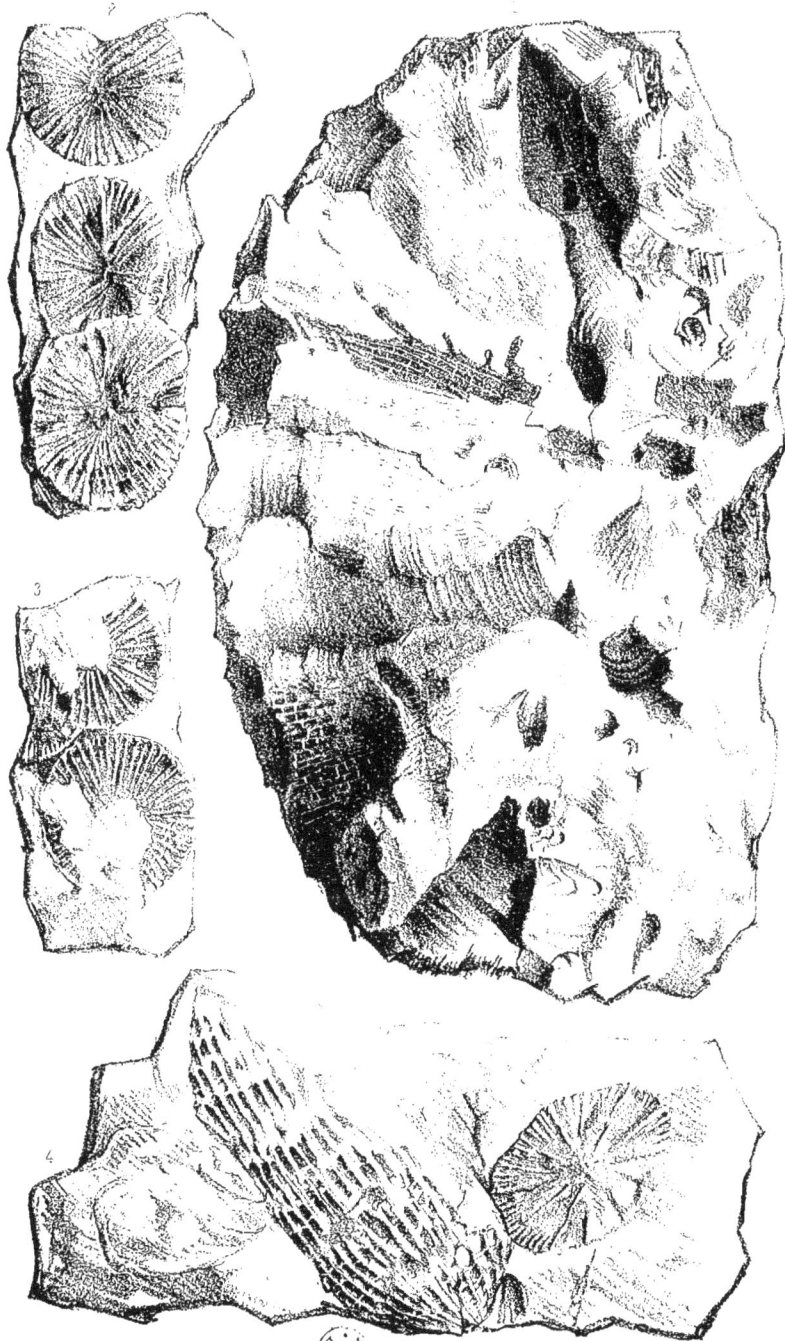

PLANCHE XXIX.

Zone de l'Ammonites angulatus.

Fig. 1. 2. 3. **Montlivaultia crassa** (de Ferry), page 171.
      1. Echantillon de Sologny, grandeur naturelle.
      2. Autre de la même localité.
      3. Une cloison, grossie deux fois.
4 à 8. **Montlivaultia sinemuriensis** (d'Orbigny), page 170.
      4. 5. Echantillon de la Glande, grandeur naturelle.
      6. 7. 8. Autre de la même localité.
9. 10. **Thecosmilia Martini** (de Fromentel), page 173.
      9. Petit groupe de la Glande, grandeur naturelle.
      10. Le même, vu par dessus.
11. **Polypier**....., de la Glande, page 174, grossi deux fois.
12. 13. **Montlivaultia Rhodana?** (de Ferry), de la Glande, grandeur
      naturelle, page 172.
14. **Thecosmilia**.....? Echantillon de Cogny, de grandeur naturelle,
      page 174.
15. **Fucoïde**....., empreinte végétale de Vinezac, grossie deux fois,
      page 180.

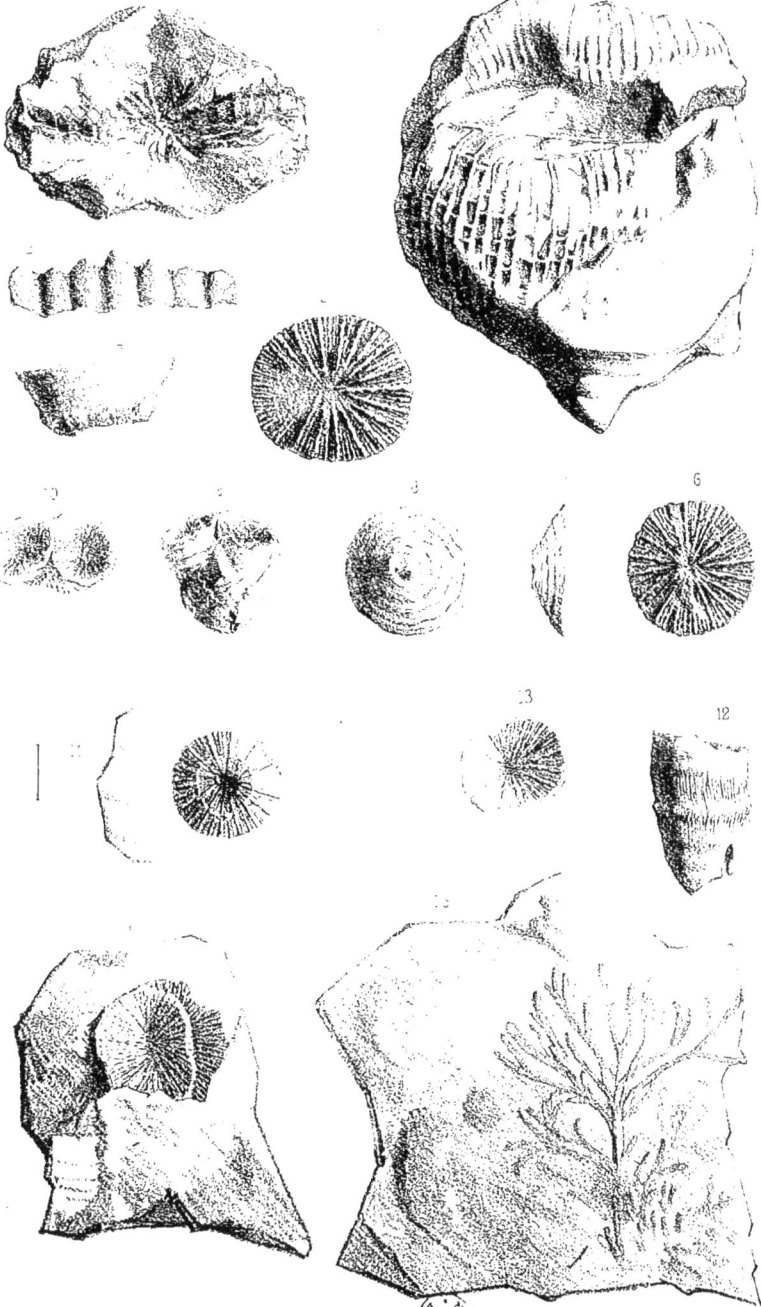

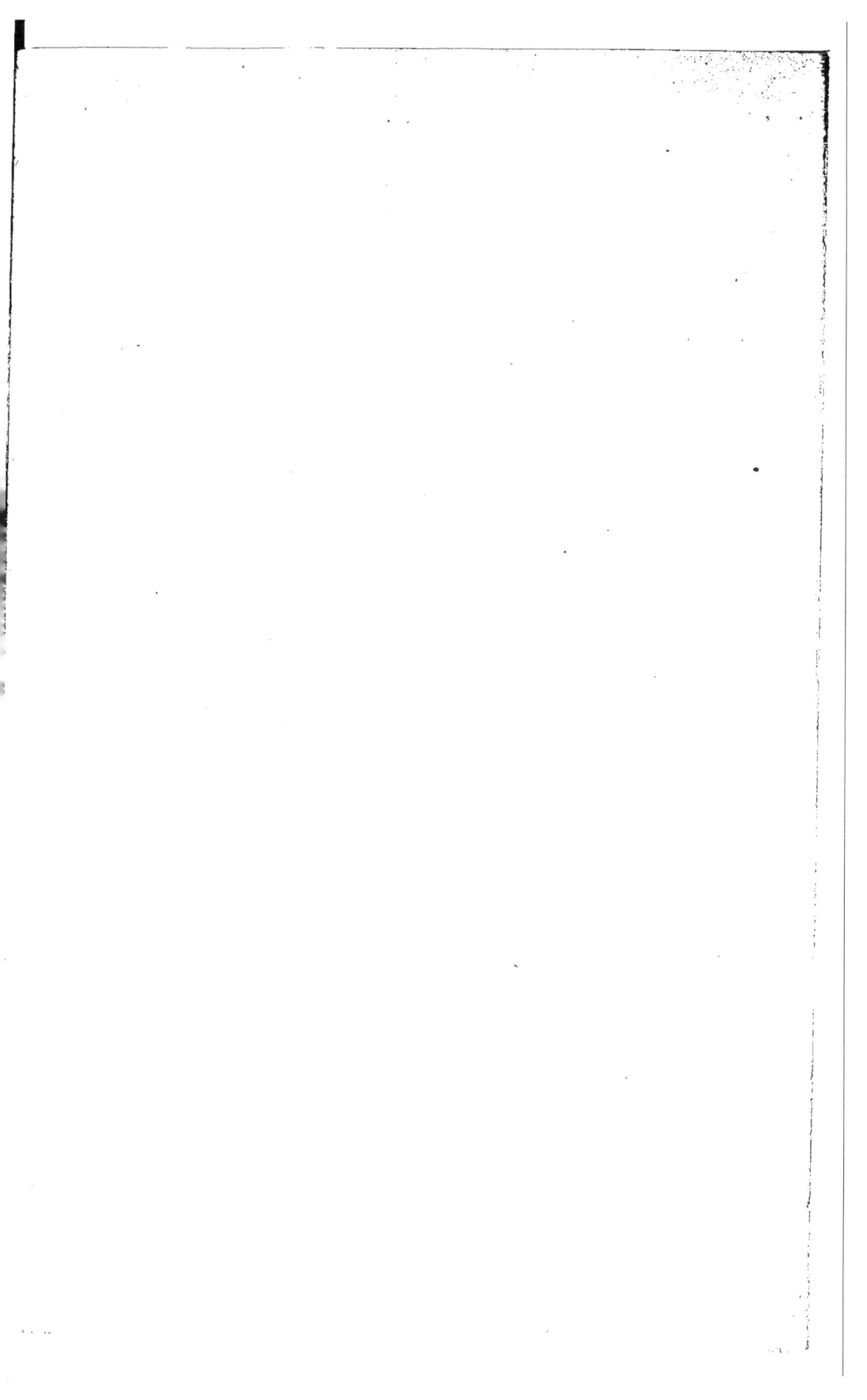

PLANCHE XXX.

Zone de l'Ammonites angulatus.

Fig. 1. **Isastræa excavata** (de Ferry), grand polypier, de Montmirail, de grandeur naturelle, vu par côté, page 175.

2. Le même vu par dessus, de grandeur naturelle.

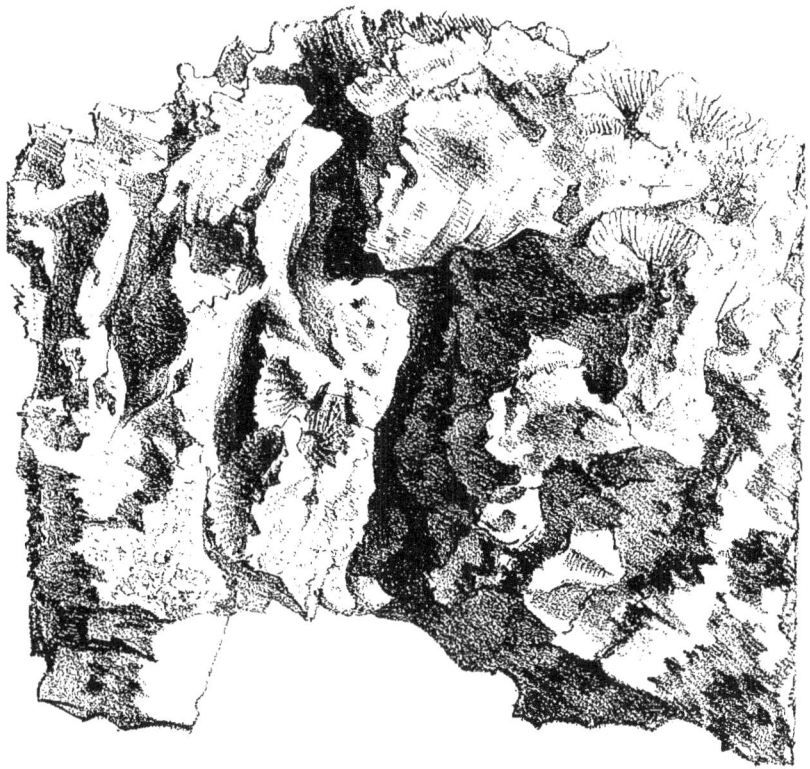

Lyon.Lith.Th.Lepagnez,r. de Cuire,10.

www.ingramcontent.com/pod-product-compliance
Lightning Source LLC
Chambersburg PA
CBHW060415200326
41518CB00009B/1367